westermann

Hermann Moosmeier, Werner Reuschl

Metallbautechnik

Lernsituationen, Technologie, Technische Mathematik

Lernfelder 5 und 6

6. Auflage

Bestellnummer 74337

Die Seiten dieses Arbeitshefts bestehen zu 100 % aus Altpapier.

Damit tragen wir dazu bei, dass Wald geschützt wird, Ressourcen geschont werden und der Einsatz von Chemikalien reduziert wird. Die Produktion eines Klassensatzes unserer Arbeitshefte aus reinem Altpapier spart durchschnittlich 12 Kilogramm Holz und 178 Liter Wasser, sie vermeidet 7 Kilogramm Abfall und reduziert den Ausstoß von Kohlendioxid im Vergleich zu einem Klassensatz aus Frischfaserpapier. Unser Recyclingpapier ist nach den Richtlinien des Blauen Engels zertifiziert.

Druck und Bindung: Westermann Druck GmbH, Georg-Westermann-Allee 66, 38104 Braunschweig

ISBN 978-3-427-74337-8

Inhaltsverzeichnis

Lernfeld 5: Herstellen von Blechbauteilen

		Seite
1	Unlegierte und legierte Stähle	5
2	Unlegiertes und legiertes Aluminium	9
3	Lieferzustand und Oberflächengüte (Auswahl)	11
4	Metall-Schutz-Gasschweißen	13
5	Thermisches Trennen	16
6	Kosten beim thermischen Trennen	24
7	Biegeumformen von Blechen	28
8	Länge der neutralen Faser	31
9	Zuschnittermittlung mit Tabellen	33
10	Zuschnittlänge bei Biegeteilen	35
11	Fertigung mit CNC-gesteuerten Maschinen	37
12	Blechversteifungen (Randversteifungen)	60
13	Falzen	62
14	Nieten	64
15	Berechnungen an Nieten	69
16	Schraubverbindungen an Blechen und Hohlprofilen	71
17	Widerstands-Pressschweißen	74
18	Elektrische Leistung	76
19	Elektrische Arbeit	78
20	Wirkungsgrad	80
21	Elektrische Leistung bei Schweißmaschinen	81
22	Schnittgeschwindigkeit und Drehzahl	84
23	Vorschub und Vorschubgeschwindigkeit	86
24	Einfacher Riementrieb	88
25	Einfacher Zahnradtrieb	90
26	Blechbehälter	92
27	Befestigungsfuß	98

Lernfeld 6: Herstellen von Konstruktionen aus Profilen

1	Stahlprofile im Metallbau	105
2	Aluminiumprofile im Metallbau	110
3	Arten der Beanspruchung	117
4	Trennen von Profilen	131
5	Thermisches Trennen	139
6	Schweißbarkeit der Metalle	140
7	Wolfram-Schutzgas-Schweißen	141
8	Schweißnahtbeurteilung bei Stahl und Aluminium	144
9	Schweißnaht-Nachbehandlung	145
10	Umgang mit Schutzgasen und Arbeitsschutz beim Schutzgasschweißen	146
11	Anfertigen einer Sitzbank	148
12	Gefügeaufbau	155
13	Gefügeveränderungen	157
14	Kalt- und Warmrichten	158
15	Korrosionsarten	160
	Bildquellenverzeichnis	161

Stähle sind Eisenwerkstoffe, deren Kohlenstoffgehalt kleiner als 2,2 % ist. Außerdem sind im Stahl noch andere Elemente enthalten.

A. Einteilung unlegierter Stähle

	Verwendung z. B.	Kurzzeichen z. B.	C-Gehalt (%)
a) Unlegierter Stahlbaustahl Kennzeichen: ______			
b) Unlegierter Maschinenbaustahl Kennzeichen: ______			

Der Kohlenstoffgehalt unlegierter Stahl- und Maschinenbaustähle liegt zwischen ______ und ______ %. Für eine Wärmebehandlung (z. B. Härten) sind sie nicht geeignet. Sie sind preiswert und es werden daraus Rohre, Profile und Bleche hergestellt.

c) Unlegierter Feinkornbaustahl Kennzeichen: ______ mit nachgestelltem N (normalgeglüht) oder M (thermomechanisch gewalzt)			

Liegt der Kohlenstoffgehalt zwischen ______ und ______ %, sind unlegierte Stähle besonders gut schweißbar. Trotzdem haben sie eine hohe Festigkeit.

d) Unlegierte wetterfeste Baustähle Kennzeichen: ______ mit nachgestelltem W			

Diese Baustähle besitzen durch einen kleinen Zusatz von Cr und Ni einen verbesserten Korrosionsschutz. Sie zählen trotzdem zu den unlegierten Stählen.

B. Einteilung der Vergütungsstähle

	Verwendung z. B.	Kurzzeichen z. B.	C-Gehalt (%)
a) Unlegierter Vergütungsstahl Kennzeichen:			
b) Legierter (niedrig) Vergütungsstahl Kennzeichen:			
Der Kohlenstoffgehalt unlegierter und niedrig legierter Vergütungsstähle liegt zwischen _____ und _____ %. Vergütungsstähle werden gehärtet. Durch anschließendes Erwärmen werden Härte und Sprödigkeit verringert, Zähigkeit und Festigkeit aber erhöht.			

C. Einteilung der Einsatzstähle

	Verwendung z. B.	Kurzzeichen z. B.	C-Gehalt (%)
a) Unlegierter Einsatzstahl Kennzeichen:			
b) Legierter (niedrig) Einsatzstahl Kennzeichen:			
Durch den geringen Kohlenstoffgehalt ist dieser Stahl nicht härtbar. Wird in die Randschicht Kohlenstoff zugeführt, kann diese trotzdem gehärtet werden; der Kern bleibt zäh und elastisch.			

D. Einteilung der Automatenstähle

	Verwendung z. B.	Kurzzeichen z. B.	S-, Pb-Gehalt (%)
Legierter (niedrig) Automatenstahl Kennzeichen:			
Automatenstahl erzeugt bei der spanenden Bearbeitung kurzbrechende Späne.			

E. Einteilung der Federstähle

	Verwendung z. B.	Kurzzeichen z. B.	C-Gehalt (%)
a) Unlegierter Federstahl Kennzeichen:			
b) Legierter (niedrig) Federstahl Kennzeichen:			
Der Kohlenstoffgehalt liegt zwischen ______ und ______ %.			

F. Einteilung der Nitrierstähle

	Verwendung z. B.	Kurzzeichen z. B.	Cr-Gehalt (%)
b) Legierter (niedrig) Nitrierstahl Kennzeichen:			
Hauptlegierungsbestandteil ist ______. Die Randschicht des Bauteils wird dadurch sehr hart, verschleißfest und wärmebeständig.			

G. Einteilung der legierten rostfreien Stähle

	Verwendung z. B.	Kurzzeichen z. B.	Cr-Gehalt (%)
Legierter (hoch) nicht rostender Stahl Kennzeichen:			
Hauptlegierungsbestandteil ist Chrom.			

H. Einteilung der Werkzeugstähle

Werkzeugstähle können unlegiert und legiert sein.

	Verwendung z. B.	Kurzzeichen z. B.	C-Gehalt (%)
a) Unlegierter Kaltarbeitsstahl Kennzeichen: ______			
Der Kohlenstoffgehalt liegt zwischen ______ und ______ %.			
b) Legierter Kaltarbeitsstahl Kennzeichen: ______			
Der Kohlenstoffgehalt liegt zwischen ______ und ______ %. Die Arbeitstemperatur der Kaltarbeitsstähle beträgt bis zu 200 °C.			
c) Legierter Warmarbeitsstahl Kennzeichen: ______			
Die Arbeitstemperatur beträgt bis zu 400 °C.			

			Legierungsbestandteile
d) Legierter (hoch) Schnellarbeitsstahl (SS oder HSS) Kennzeichen: ______			
Der Kohlenstoffgehalt beträgt bis zu 1,5 %. Die Arbeitstemperatur kann bis zu 600 °C betragen. Die Reihenfolge der Legierungsbestandteile ist ______.			

Im Metallbau wird neben Stahl häufig auch Aluminium verarbeitet.
Nennen Sie Gründe hierfür.

Halbzeuge aus Aluminium

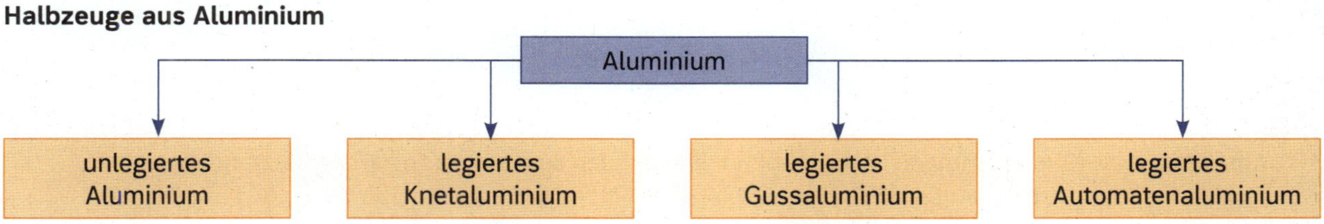

A. Einteilung von unlegiertem Aluminium

	Verwendung z. B.	Kurzzeichen z. B.	Al-Gehalt (%)
Reinstaluminium			
Reinaluminium			

B. Einteilung von legiertem Knetaluminium

	Verwendung z. B.	Kurzzeichen und Werkstoff-Nr.	Legierungs-bestandteile
a) Nicht aushärtbare Al-Knetlegierung			
Das Hauptlegierungsmetall aller nicht aushärtbaren Al-Knetlegierungen ist Magnesium. Manchmal ist auch Mangan enthalten.			

	Verwendung z. B.	Kurzzeichen und Werkstoff-Nr.	Legierungs-bestandteile
b) Aushärtbare Al-Knetlegierung			
Aushärtbare Al-Knetlegierungen haben neben Mangan noch zusätzliche Legierungsbestandteile:			
Alle Al-Knetlegierungen haben in der Normangabe das Kennzeichen AW (A = Aluminium, W = Halbzeug).			

C. Einteilung von legiertem Gussaluminium

	Verwendung z. B.	Kurzzeichen und Werkstoff-Nr.	Legierungs-bestandteile
Legiertes Guss-Al			
Das Kennzeichen aller Al-Gusslegierungen ist AC (A = Aluminium, C = Guss).			

D. Einteilung von legiertem Automatenaluminium

	Verwendung z. B.	Kurzzeichen und Werkstoff-Nr.	Legierungs-bestandteile
Legiertes Automaten-Al			
Das Legierungsmetall Blei ergibt im Aluminium kurz brechende Späne.			

A. Warmgewalzte Stahlbau- und Maschinenbaustähle

Der flüssige Stahl wird, bevor er zu Halbzeugen weiterverarbeitet wird, in Stahlformen (Kokillen) zu Blöcken vergossen. Bei diesem Gießvorgang nimmt der flüssige Stahl Sauerstoff und Stickstoff auf. Während der Abkühlung bewirken diese nach oben entweichenden Gase eine Verwirbelung im Stahlblock. Die im Stahl enthaltenen Elemente wie Kohlenstoff (C), Schwefel (S) und Phosphor (P) sammeln sich im Stahlkern. Dieser Entmischungsvorgang wird als Seigern bezeichnet. Man spricht von einem unberuhigt vergossenen Stahl (Symbol: G 1).

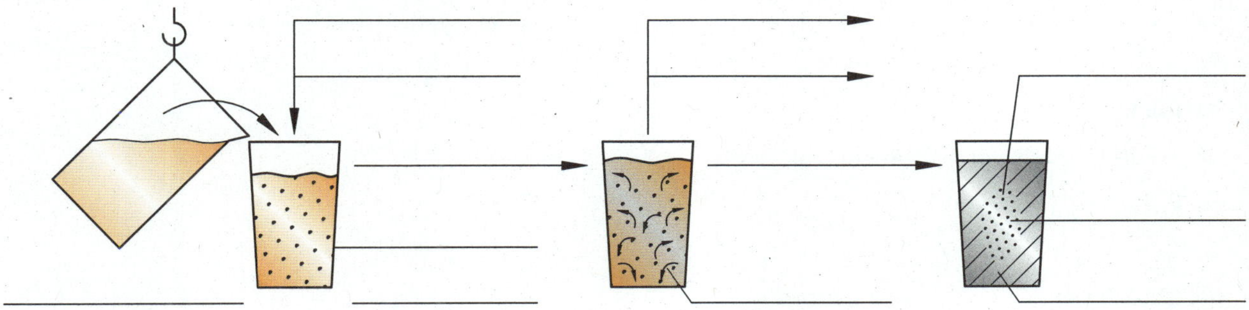

Wird der Stahlschmelze in geringen Mengen Aluminium (Al) zugesetzt, erstarrt der Stahl beruhigt (Symbol: FN). **C**, **S** und **P** verteilen sich gleichmäßig im gesamten Stahlblock. Die Güte des Stahls erhöht sich. Ein voll beruhigter Stahl hat das Symbol FF.

Beispiele:

S 355 K 2 FF: ______________________________

E 295: ______________________________

B. Kaltgewalzte Stahlbaustähle

Soll der Stahl im kaltgewalzten Zustand geliefert werden, wird der Normangabe das Zusatzsymbol + TCR angefügt.

Beispiel: S 235 JR + TCR

Dieser kaltgewalzte Stahl kann auch feuerverzinkt geliefert werden:
S 235 JR + TCR + SZ

Erklären Sie mithilfe des Tabellenbuchs folgende Zusatzsymbole:

Behandlungszustand = T	Überzug = S
+ TA = ______	+ SS = ______
+ TC = ______	+ SZ = ______
+ TQT = ______	+ SSL = ______
+ TCR = ______	+ SCU = ______

Das vorangestellte T oder S kann entfallen.

C. Kaltgewalzte Stahbleche oder Bänder aus weichem Stahl (DIN EN 10130)

Kennzeichen: DC + Kennzeichen

DC 01 ⟶ $R_{e\,max} = 280\ N/mm^2$

DC 03 ⟶ $R_{e\,max} = 240\ N/mm^2$

DC 06 ⟶ $R_{e\,max} = 170\ N/mm^2$

Merke: Je größer die Kennzahl, desto ______ die max. Streckgrenze.

Lieferzustand der Oberfläche

Art der Oberfläche	Ausführung der Oberfläche
Allgemeine (normale) Oberfläche: Kennzeichen A Beste Oberfläche: Kennzeichen B	rau → r matt → m glatt → g besonders glatt → b

Beispiel:

Blech DIN EN 10130 – DC 01 A – m

DC 01: ______________________

A: ______________________

m: ______________________

D. Veredelte Stahlbleche oder Bänder aus weichem Stahl (DIN EN 10346)

Kennzeichen: DX + Kennzahl + Überzugsbuchstabe

DX 52 → $R_{e\,max}$ = 300 N/mm²

DX 53 → $R_{e\,max}$ = 260 N/mm²

DX 56 → $R_{e\,max}$ = 180 N/mm²

Merke: Je kleiner die Kennzahl, desto ______________ die max. Streckgrenze.

Überzugsarten (Auswahl)
+ Z = Zink
+ AZ = Aluminium-Zink
+ AS = Aluminium-Silicium

Beispiel:

Stahlblech DIN EN 10346 – DX 53 D + Z

DX 53: ______________________

D: ______________________

Z: ______________________

E. Stahlprofile und Stahlblechabmessungen

Längen- und Querschnittsmaße sind genormt. Sie können Tabellen entnommen oder bei den Lieferfirmen erfragt werden.

Beim **M**etall-**S**chutz-**G**asschweißen (= ____________ -Schweißen) brennt zwischen dem Werkstück und einer abschmelzenden Elekrode ein elektrischer Lichtbogen. Als Schutzgas werden aktive Gase (z. B. Kohlenstoffdioxid = CO_2) und inaktive (inerte) Gase (z. B. Argon = Ar) verwendet.

Man unterscheidet:

1. **M**etall-**I**nert-**G**asschweißen (____________ -Schweißen)
2. **M**etall-**A**ktiv-**G**asschweißen (____________ -Schweißen)

Vorteile:

____

____

____

Nennen Sie einen Nachteil des Schutzgasschweißens gegenüber dem Schweißen mit der Elektrode. Denken Sie an das Schweißen im Freien.

____

A. Aufbau einer MIG-MAG-Schweißanlage

Ordnen Sie der Skizze zu:
Werkstück, Schutzgas, Schweißbrenner, Kühlwasservorlauf, Kühlwasserrücklauf, Schweißdraht, Steuerleitung, Schutzgashülle, Stromleitung.

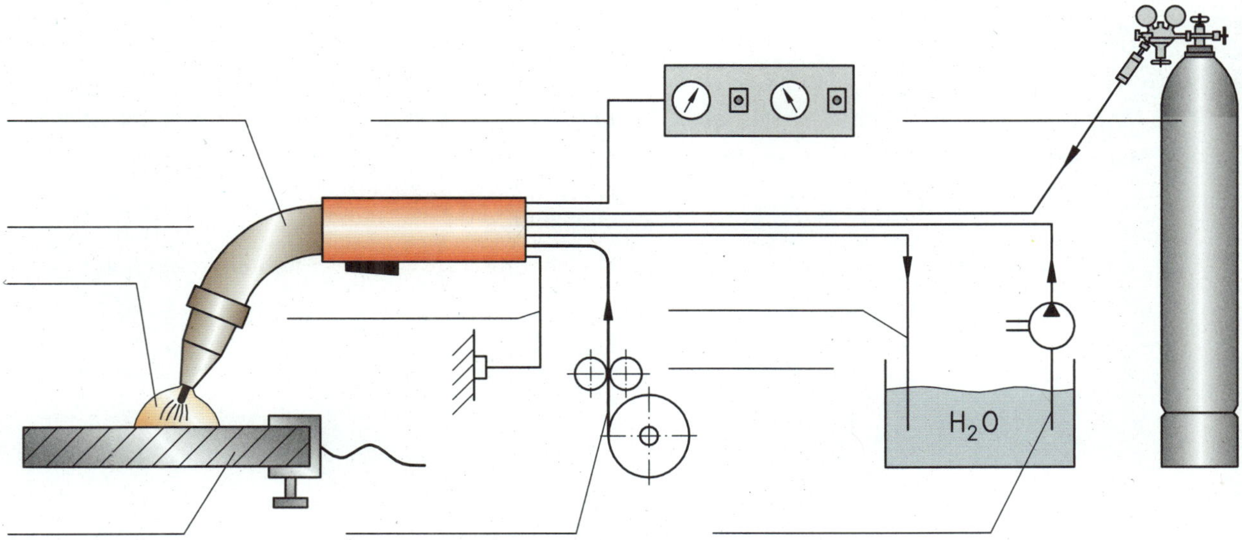

Das MIG-MAG-Schweißen kann auch mit teil- oder vollautomatischen Anlagen betrieben werden.

B. Schweißverfahren

1. MIG-Schweißen

Beim MIG-Schweißen verwendet man als Schutzgas das teuere und reaktionsträge Argon. Dieses inerte Gas hat die Kurzbezeichnung I und nimmt am Schweißprozess nicht teil. Inerte Gase sind Edelgase. Es können auch Gemische von Edelgasen verwendet werden.

Benennen Sie die aufgeführten schweißbaren Werkstoffe. Bestimmen Sie den Kohlenstoffgehalt der aufgeführten Stähle.

MIG-Schweißen		
Werkstoff	**Normbezeichnung**	**Kohlenstoffgehalt (%)**
	8 Mn 6	
	18 Cr 4	
	X 20 MnCr 4–2	
	X 16 CrNi 6–1	
	C 15 E	
	C 22 E	
	EN AW-5754	--
	EN AW-3103	--
	EN AW-6060	--
	Cu-H-R220	--
Neben Al und Cu sind die meisten NE-Metalle (z. B. Ti, Ni) und deren Legierungen schweißbar.		

2. MAG-Schweißen

Beim MAG-Schweißen werden preiswerte Gase CO_2 oder Mischgase verwendet. Sie haben das Kurzzeichen C oder M und nehmen am Schweißprozess aktiv teil. Sie heißen deshalb ______________.

MAG-Schweißen		
Werkstoff	**Normbezeichnung**	**Kohlenstoffgehalt (%)**
	S 235 J2G3	
	S 275 JR	
	S 355 JO	
	16 MnCr 5	
	20 NiCrMo 2-2	
	X 5 CrNi 18-10	
	X 2 CrNiMoN 17-13-5	
	X 10 Cr 6	
	X 8 CrMo 6	

Die Schweißbarkeit der Stähle hängt vom C-Gehalt ab. Dieser darf nicht größer als ________ sein.

3. Werkstoffübergang im Lichtbogen

Die Strom führende Drahtelektrode erzeugt Magnetfelder. Das flüssige Metall der Elektrode wird dadurch beeinflusst. Es entstehen verschiedenartige Tropfen:

Sprüh-Lichtbogen (SLB)	Kurz-Lichtbogen (KLB)	Lang-Lichtbogen (LLB)
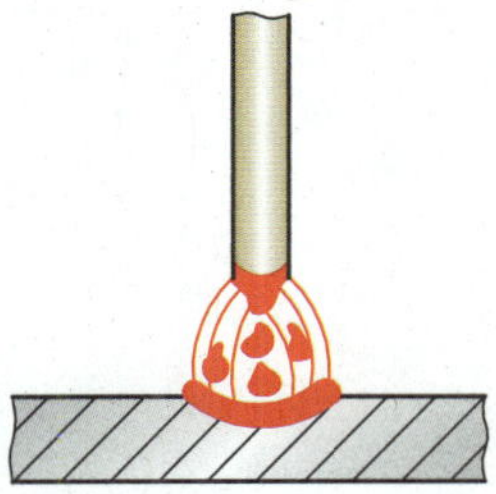	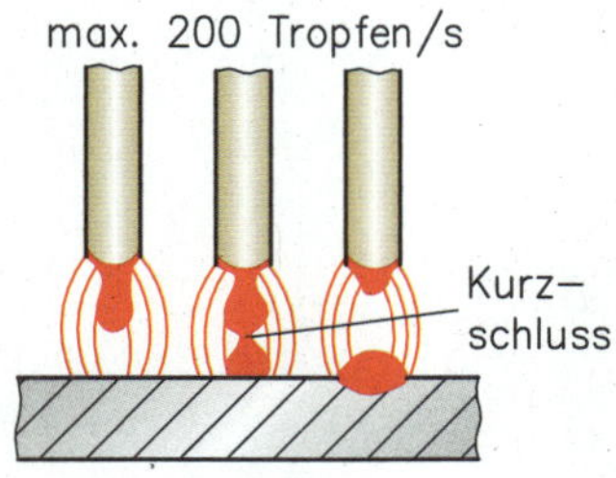	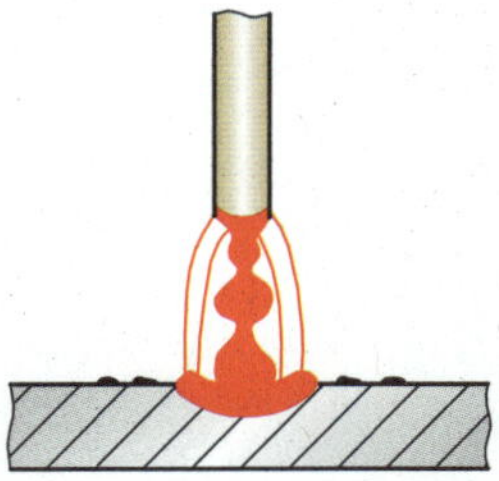
Feinsttropfiger, kurzschlussfester Werkstoffübergang	Feintropfiger, nicht kurzschlussfester Werkstoffübergang	Grobtropfiger, nicht kurzschlussfester Werkstoffübergang
Hohe Wärmeeinbringung, große Abschmelzleistung	Geringe Wärmeeinbringung, geringe Abschmelzleistung	Geringe Nahtoberflächengüte
Für Kehlnähte in Wannenlage	Für Dünnbleche in allen Schweißpositionen	Für Stahlschweißungen mit schmalen und tiefen Einbränden

Für Dünnblech- und Zwangslagenschweißungen ist der kurzschlussfreie Impuls-Lichtbogen (ILB) vorteilhaft.

Durch thermisches Trennen werden Werkstoffe zerteilt oder Formen ausgeschnitten.

Nennen Sie Beispiele für das thermische Trennen.

A. Autogenes Brennschneiden

Beim autogenen Brennschneiden wird der Stahl auf Zündtemperatur gebracht und dann in reinem Sauerstoff sehr schnell verbrannt. Die flüssigen Oxide werden durch den Sauerstoffstrahl aus dem Schnitt herausgeblasen. Durch das Bewegen des Schneidbrenners entsteht eine Schnittfuge.

1. Voraussetzungen für das autogene Brennschneiden

a) Der Werkstoff muss in reinem Sauerstoff brennbar sein.
b) Die Entzündungstemperatur des Werkstoffs muss niedriger als die Schmelztemperatur sein.
c) Die Wärmeableitung des Werkstoffs muss gering sein.

Nennen Sie Werkstoffe, welche diese Voraussetzungen erfüllen.

Brennschneidbarkeit unlegierter Stähle

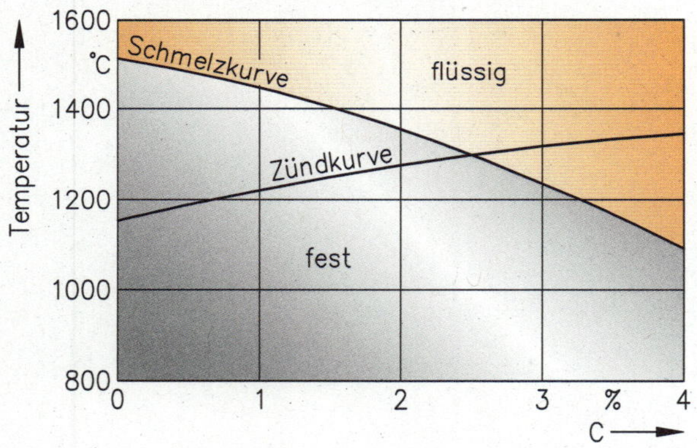

a) In welchem Bereich muss der Kohlenstoffgehalt der Stähle liegen, damit sie durch Brennschneiden getrennt werden können?
Tragen Sie die Markierung in das Diagramm ein.

b) Ist Gusseisen mit Lamellengrafit (z. B. EN-GJL-200) durch das autogene Brennschneiden trennbar?

a)

b)

2. Handschneidbrenner

Schematische Darstellung

Ordnen Sie die aufgeführten Benennungen der Skizze zu:
Brenngasventil, Schneiddüse, Schneidsauerstoff, Brenngas (z. B. Acetylen), Brenngas-Sauerstoff-Gemisch, Heizsauerstoff, Schneidsauerstoffventil, Sauerstoff, Heizsauerstoffventil.
Zeichnen Sie den Gasdurchgang farbig in die Skizze ein.

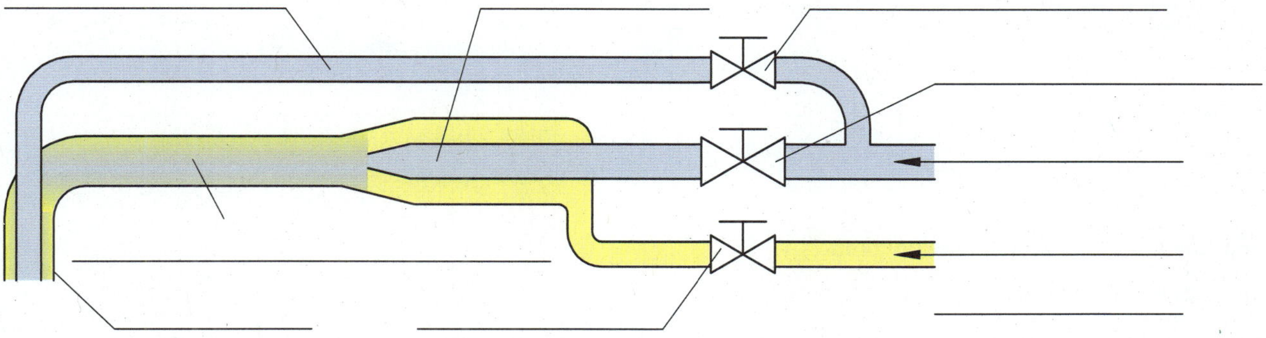

Schneidbrennerausführungen

a) ______________ -Schneidbrenner

b) ______________ -Schneidbrenner (anstelle des Schweißeinsatzes wird der Schneideinsatz am Griffrohr befestigt).

3. Schneiddüsen

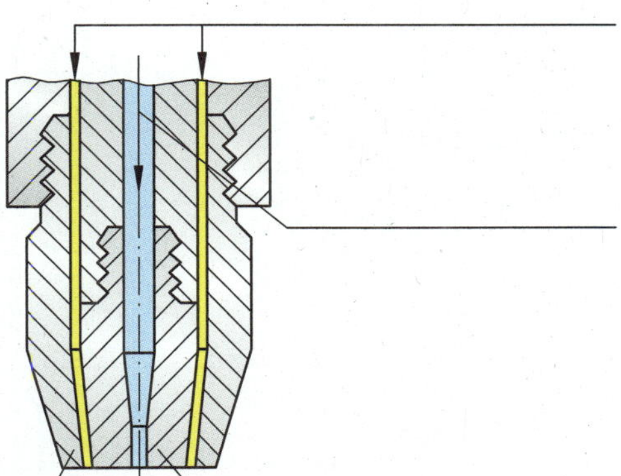

Der Schneidbrenner besitzt zwei Düsen:

1. ______________ -Düse

Durch diese Düse wird die Schneidstelle mit dem Acetylen-Sauerstoff-Gemisch aufgeheizt.

2. ______________ -Düse

Durch diese Düse wird der Werkstoff durch den Schneidsauerstoff verbrannt.

Die Leistung des Schneidbrenners ist von der Düsenform abhängig.

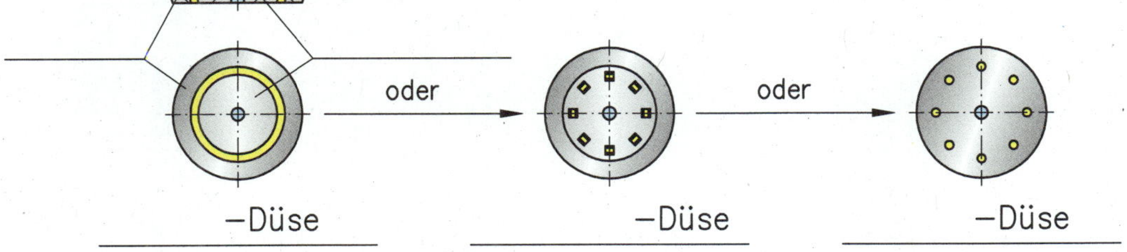

Schneiddüsen, die in der Mitte den Schneidsauerstoff zuführen, können in alle Richtungen Brennschnitte durchführen.
Die Qualität des Brennschnitts ist abhängig:

a) von der Heizflammen- ______________ ($C_2H_2 + O_2$),

b) vom Sauerstoff- ______________ (bar),

c) von der Schneid- ______________ (mm/min),

d) vom ______________ Schneiddüse zum Werkstück (mm),

e) vom einwandfreien Zustand der ______________ .

4. Hilfsmittel

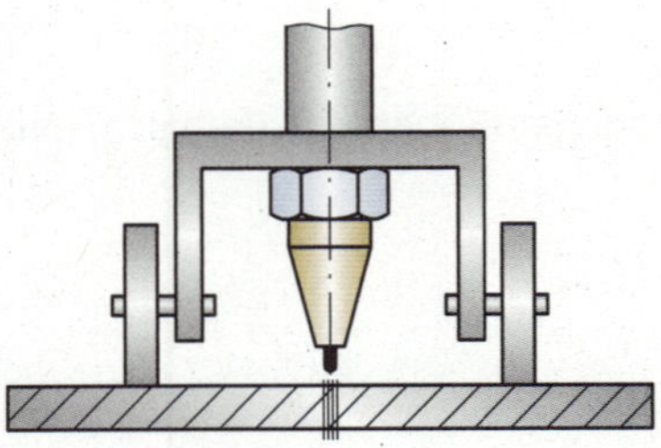

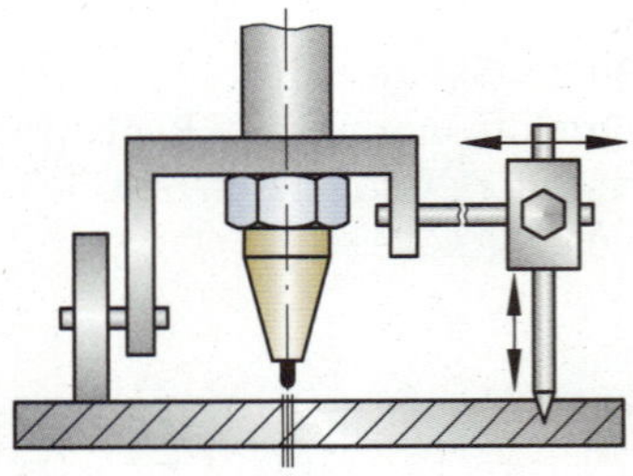

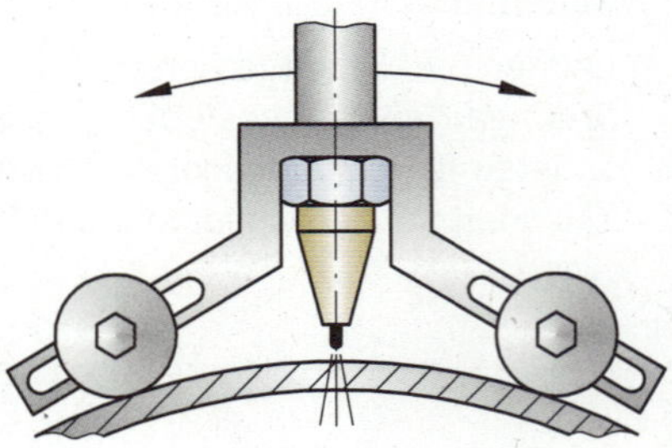

5. Einfluss der Schneidgeschwindigkeit

Beurteilen Sie die skizzierten Brennschnitte.

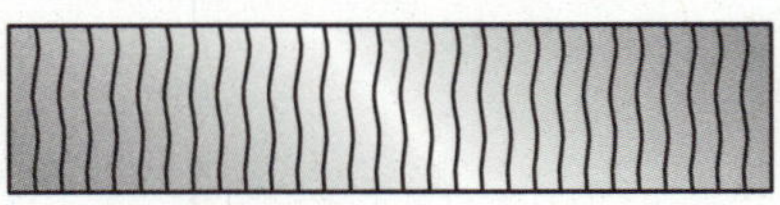

Schneidgeschwindigkeit

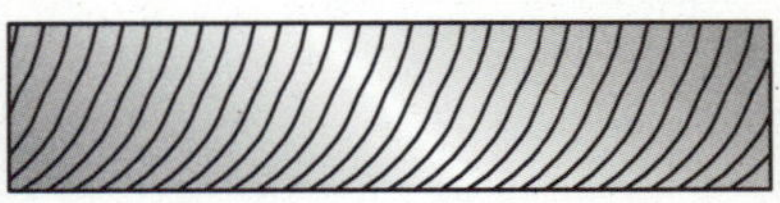

Schneidgeschwindigkeit

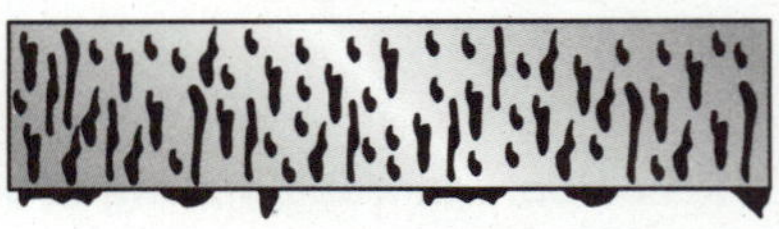

Schneidgeschwindigkeit

6. Maschninelles Brennschneiden

Verfahren:
a) Magnetrollensteuerung
b) Fotoelektrische Steuerung
c) CNC-Steuerung

Nennen Sie Vorteile des maschinellen Brennschneidens gegenüber dem handgeführten.

7. Fugenhobeln (Brennfugen)

Ein Fugenhobel ist ein Schneidbrenner mit Spezialdüse. Mit ihm werden muldenförmige Fugen (Ausarbeitungen) in die Werkstückoberfläche gebrannt.

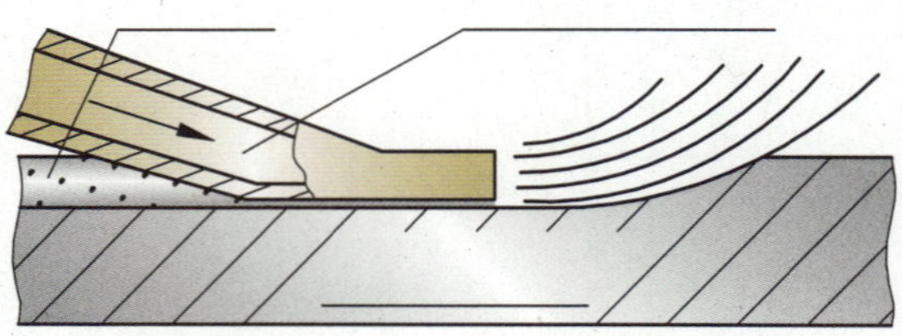

Beispiele für die Anwendung:

8. Beachte

a)

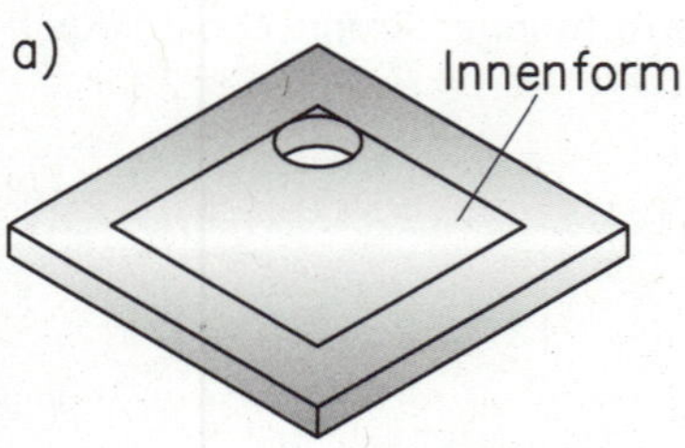

b)

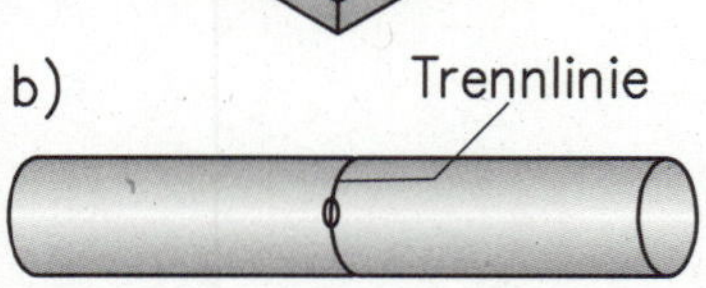

Beim Schneiden einer Innenform immer eine Bohrung (z. B. 10 mm Ø) anbringen.
Das Lochstechen mit dem Schneidbrenner erfordert viel Übung und Erfahrung.

Zum besseren Anschneiden runder Teile können mit dem Flachmeißel Kerben angebracht, mit der Dreikantfeile angefeilt oder mit dem Winkelschleifer angeschnitten werden.

9. Aufgabe

Von einem unlegierten warmgewalzten Flachstahl (DIN EN 10058 – 150 x 8 – S 235 JR) sollen durch Brennschneiden mit Acetylen und Sauerstoff kurze Stücke abgetrennt werden. Der Flachstahl hat durch die Lagerung im Freien eine gleichmäßige Flächenkorrosion.

a) Bestimmen Sie mithilfe des Tabellenbuchs:

Schneiddüsengröße: ______________ mm

Schneidsauerstoffdruck: __________ bar

Acetylendruck: ______________ bar

Gesamtsauerstoffverbrauch zum Heizen und Schneiden: __________ m^3/h

Acetylenverbrauch: __________ m^3/h

Schneidgeschwindigkeit: __________________ m/min

Die Lösungen gelten für 8 mm Werkstoffdicke.

b) Beschreiben Sie die einzelnen Arbeitsstufen.
Oberflächenvorbereitung:

____

Montieren der richtigen Schneiddüse:

Größe __________

Handschneidbrenner und Führungswagen anbringen.

Schneidbrennereinstellung:

Acetylendruck: ______________ bar

Sauerstoffdruck: __________ bar

____

____

____

Nach Öffnen des Schneidsauerstoffventils, falls nötig, die Heizflamme nachstellen.

Zunderentfernung:

____

Abstand Heizflammenende bis Werkstückoberfläche: __________ mm.

Mit der Heizflamme die Anschnittstelle erhitzen.

Glühfarbe: ____________________

Trennschnitt:

____

____

c) Vergrößern oder verringern Sie den Gasdruck, das Abstandsmaß und die Schneidgeschwindigkeit, setzen Sie verschiedene Schneiddüsengrößen ein.

Beurteilen Sie die Güte der Schnitte.

B. Plasmaschneiden

Brennschneidbare Stähle und Metalle, die autogen nicht brennschneidbar sind (z. B. Al, Cu, legierte Stähle) können durch einen Plasmastrahl getrennt werden.
Unter Plasma versteht man ein elektrisch leitendes Gas aus ungebundenen Ionen und Elektronen:

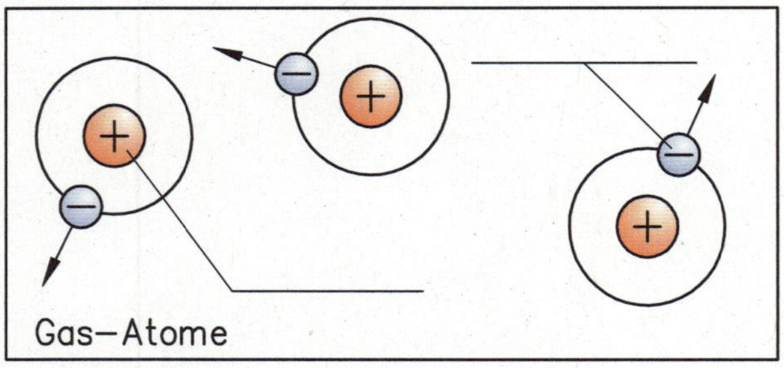

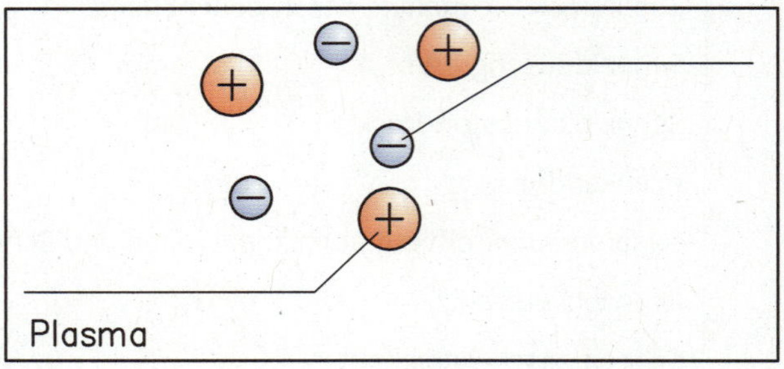

Plasmaschneidgase: Argon, Neon, Helium, Stickstoff, Wasserstoff, Mischgase. Für Kleingeräte wird Luft als Schneidgas verwendet.

Das Plasmaschneiden kann von Hand oder maschinell ausgeführt werden.

Vorteile:
1. ______________________
2. ______________________
3. ______________________
4. ______________________

Nachteile:
1. Begrenzte Werkstoffdicke (25–40 mm)
   Leistungsstarke Geräte können bis 120 mm schneiden
2. Großer Energieverbrauch
3. Giftige Abgase müssen abgesaugt werden

Vergleich:

WIG-Schweißen	Plasma-Schweißen	Plasma-Schneiden
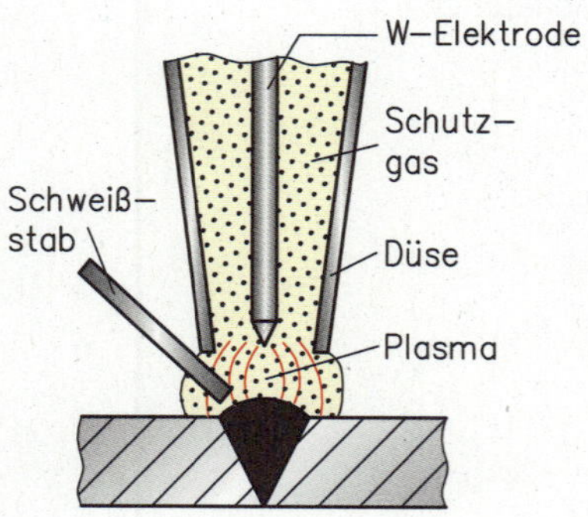	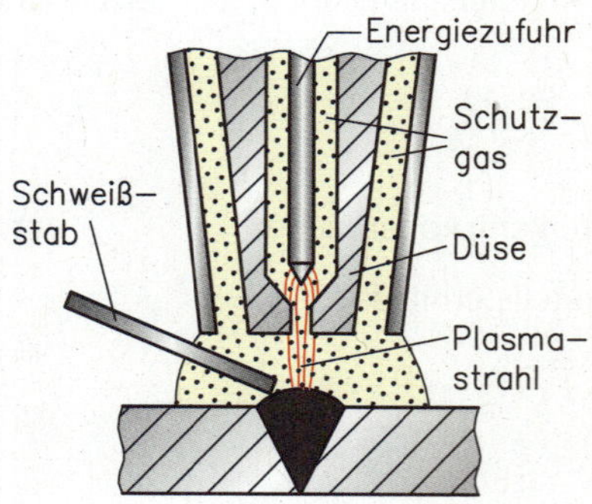	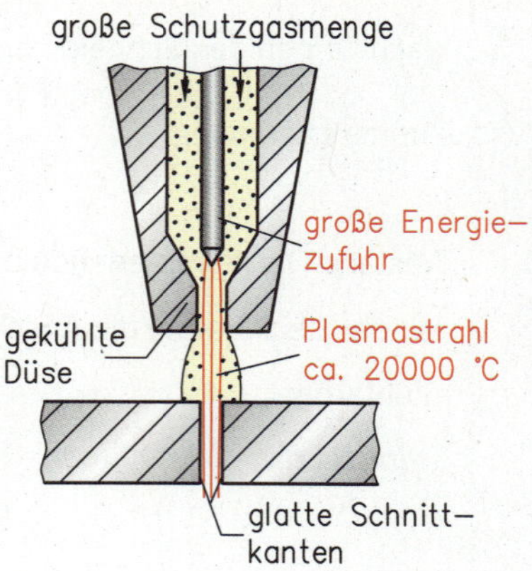

Aufbau des Plasmaschneidbrenners

Ordnen Sie zu: Brennerschalter, Abstandshülse, Plasmadüse (Schneiddüse), Handgriff, Abstandsdüse, Brennerkörper, Abstandsdüsenträger, Elektrode.

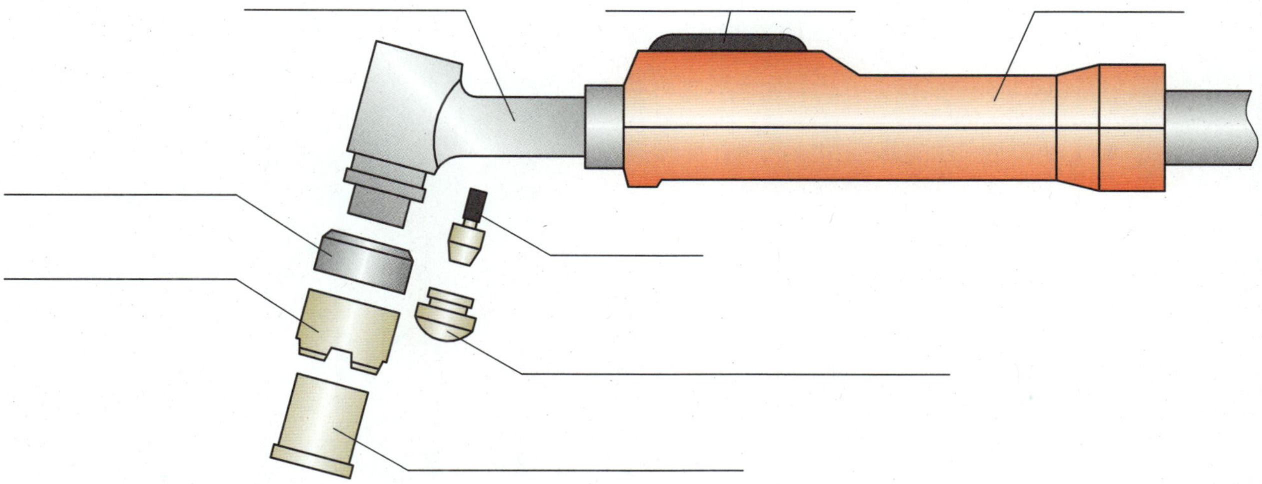

Beurteilen Sie die skizzierten Schneidfugen, wenn Stahlbaustahl, legierter rostfreier Edelstahl oder Aluminium geschnitten wurde.

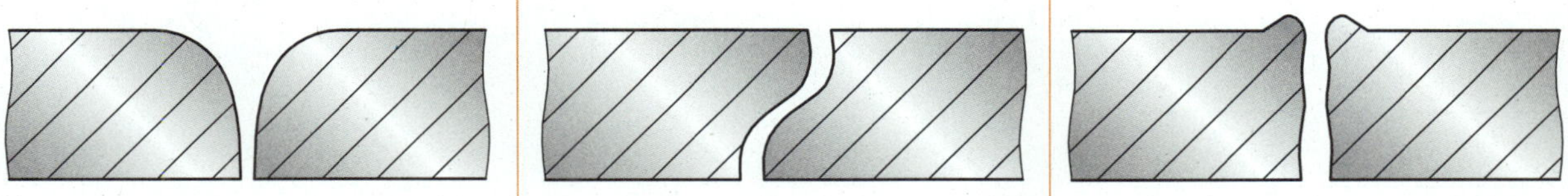

C. Laserstrahlschneiden

Durch Laserschneiden können beliebige metallische Werkstoffe bis ca. 20 mm Dicke und nicht metallische Werkstoffe bis ca. 30 mm Dicke getrennt werden.
Unter einem Laser versteht man einen energiereichen gebündelten Lichtstrahl. Es entstehen sehr hohe Temperaturen, der Werkstoff wird zum Schmelzen gebracht und das flüssige Material mit einem Schneidgas aus der Schneidfuge geblasen.

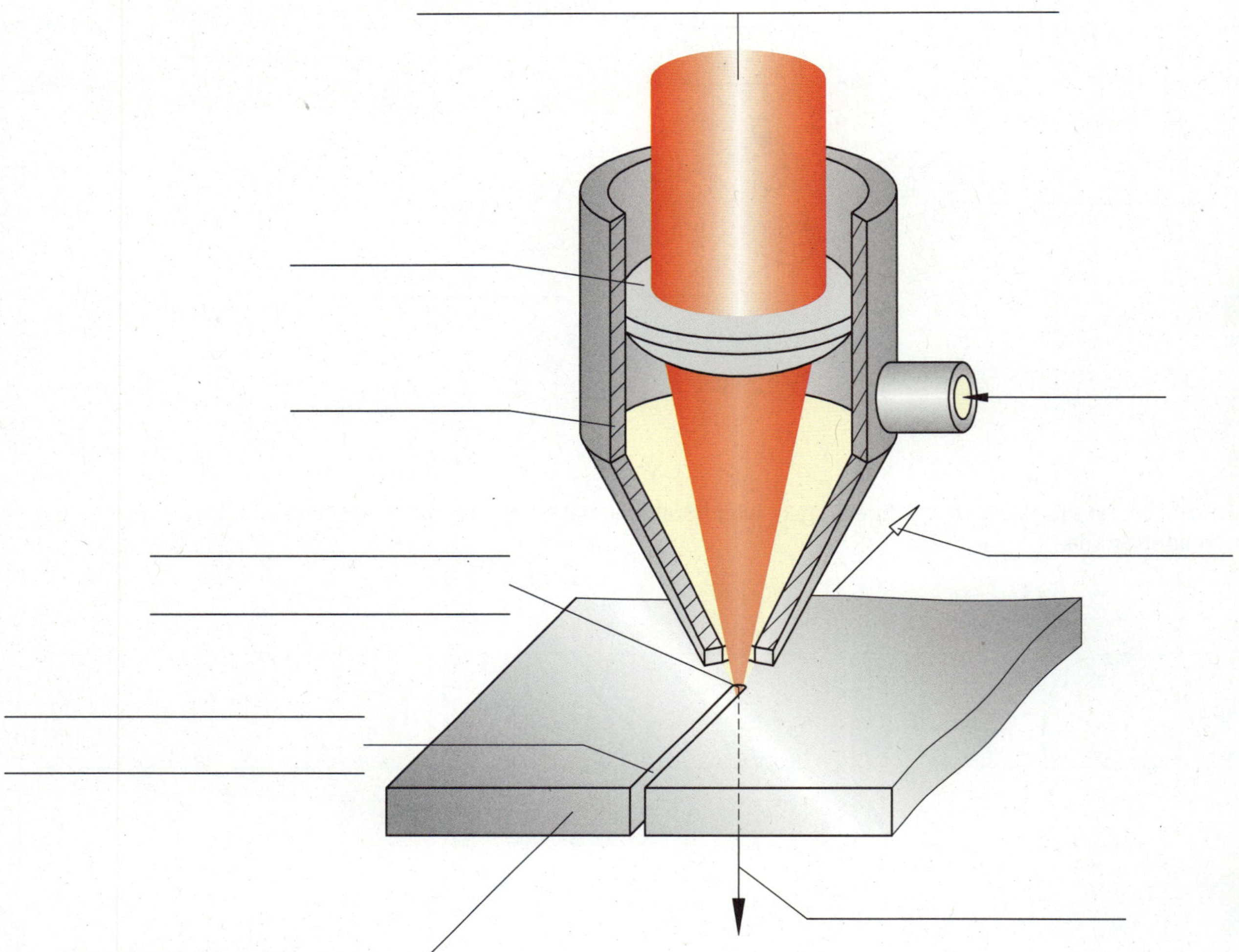

Werkstoffe (Auswahl):

Vorteile:

Nachteile:

D. Wasserstrahlschneiden

Schneidvorgang

Wasser wird auf etwa 4 000 bar verdichtet. Dieses Druckwasser schießt mit einer Geschwindigkeit von ca. 900 m/s = ______________ km/h durch eine Edelsteindüse auf den zu trennenden Werkstoff.

Es können beliebige Werkstoffe bis 100 mm Dicke getrennt werden.

Schneidverfahren

Reines Wasserstrahlschneiden	**Abrasiv-Wasserstrahlschneiden** Abrasion (lat.)=Abtragung
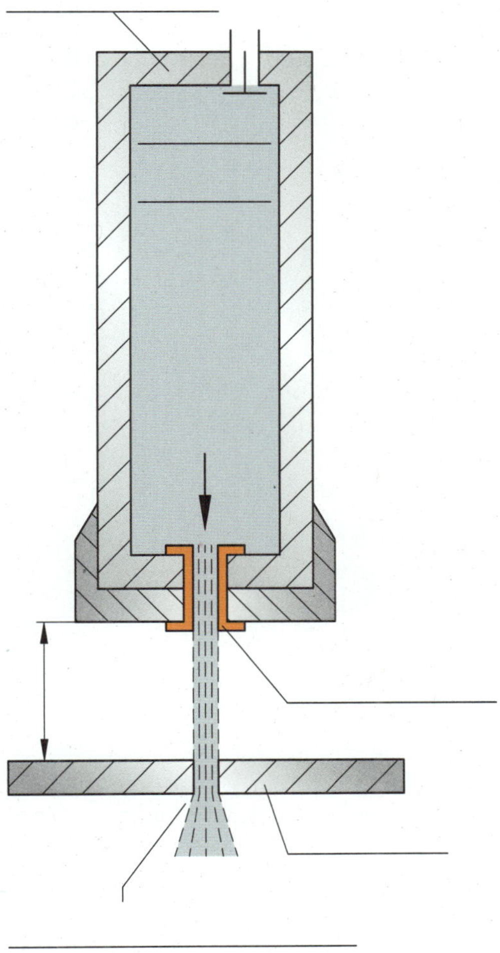	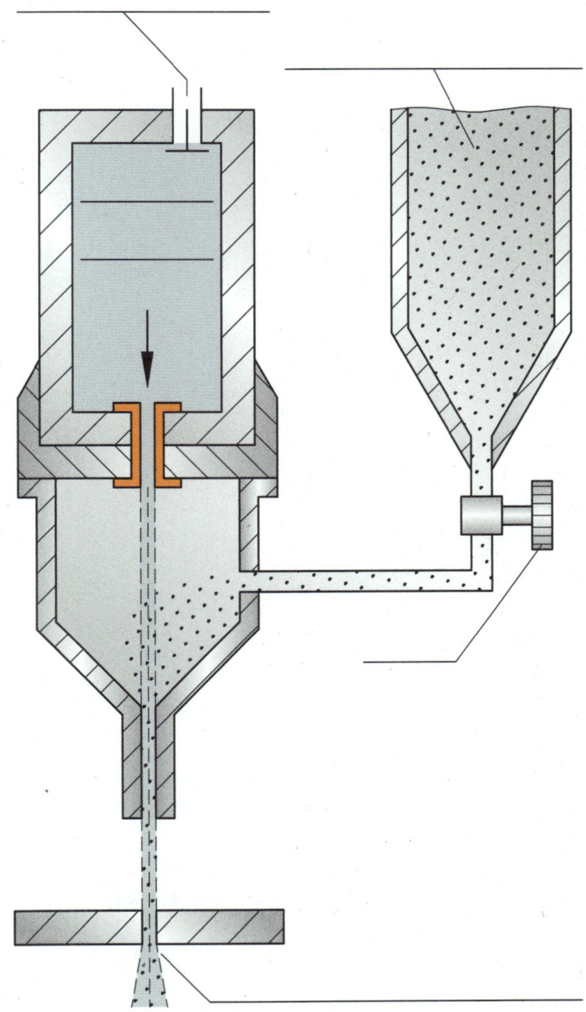

Vorteile:

____

____

____

____

Nachteile:

____

____

____

____

Trennbare Werkstoffe beim reinen Wasserstrahlschneiden:
Textilien, Gummi, Schaumstoffe, Thermoplaste

Abrasiv-Wasserstrahlschneiden:
Keramik, Steine, Metalle und ihre Legierungen, Glas, alle Kunststoffe, Verbundwerkstoffe, z. B. GFK

Beurteilen Sie die Härte der Werkstoffe.

____

A. Brennschneiden

8 mm dicker unlegierter Baustahl ist durch Brennschneiden zu zerteilen. Die Trennlänge beträgt 3,2 m, davon werden 50 Stück gefertigt.

a) Wie lang (Stunden, Minuten) dauert der Trennschnitt?
b) Wie viel m^3 Gesamtsauerstoff und wie viel m^3 Acetylen werden für diese Arbeit verbraucht?
c) Wie hoch sind die Gaskosten, wenn für 1 m^3 Sauerstoff 5,10 € und je m^3 Acetylen 9,70 € bezahlt werden?

Gasverbrauch und Schneidgeschwindigkeit für unlegierten Baustahl

Blechdicke S (mm)	Gesamtsauerstoff-verbrauch V_s (m^3/h)	Acetylen-verbrauch V_A (m^3/h)	Schneidgeschwindigkeit v (m/min)	
			Trennschnitt	Qualitätsschnitt
5	1,7	0,25	0,85	0,70
8	1,9	0,30	0,80	0,65
10	2,1	0,35	0,75	0,60
20	3,0	0,40	0,65	0,45

Geg.: ______

Ges.: a) ______ b) ______ c) ______

Aufgabe: Zur Herstellung eines Qualitätsschnitts an 20 mm dickem unlegiertem Baustahl benötigt ein Metallbauer 18 Minuten.

a) Wie hoch sind die Gaskosten (Sauerstoff: 5,25 €/m^3, Acetylen: 9,90 €/m^3)?
b) Wie teuer sind die Gaskosten je m Schnittlänge?

B. Lichtbogenschweißen

Am Monatsende zeigt der Zähler einen Energieverbrauch von 272 kWh an. Dem Versorgungsunternehmen (Elektrizitätswerk) müssen für die gelieferte Energie die Kosten bezahlt werden.
Wie hoch (in €) sind die monatlichen Energiekosten bei einem Arbeitspreis von 0,19 €/kWh?

Geg.: ______

Ges.: ______

Für 1 kWh ⟶ ______

für ______ kWh ⟶ ______ = ______

Energiekosten = ______

1. **Aufgabe:** Eine Schweißmaschine mit 8 kW Leistung verursacht 1,28 € Energiekosten. 1 kWh kostet 0,21 €. Wie lange (Stunden, Minuten) war das Gerät eingeschaltet?

2. **Aufgabe:** Der Drehstrommotor eines Schweißgenerators mit 400 V nimmt bei einem Leistungsfaktor von 0,85 den Strom von 18 A auf. Täglich ist die Schweißmaschine 4,5 h in Betrieb (Leerlaufverluste werden nicht berücksichtigt).
Berechnen Sie die täglichen Energiekosten (in €) bei einem Arbeitspreis von 0,22 €/kWh.

C. Plasmaschneiden

Ein 5 mm dicker Flachstahl aus X 5 Cr Ni 18–10 soll durch Plasmaschneiden getrennt werden. Die Schneidlänge an den 50 Werkstücken beträgt jewils 1 040 mm. Als Schneidgas wird Argon verwendet. Die Plasmaschneidanlage hat eine Lichtbogenleistung von 12 kW, der Schneiddüsendurchmesser beträgt 1,2 mm.

a) Wie viele Minuten dauert das Trennen der Werkstücke?
b) Wie hoch sind die Kosten für diesen Auftrag? Für Lohn- und Maschinenkosten werden stündlich 84,00 € berechnet.
c) Wie viel Liter Argon werden bei dieser Schneidarbeit verbraucht?

Schneidgeschwindigkeit und Argonverbrauch für hoch legierte Stähle

Lichtbogenleistung 12 kW, Schneiddüsendurchmesser 1,2 mm			
Materialdicke *s* (mm)	Schneidgeschwindigkeit *v* (m/min)		Argonverbrauch V_{Ar} (m³/h)
	Trennschnitt	Qualitätsschnitt	
4	2,4	1,4	0,6
5	2,0	1,1	0,65
10	0,95	0,65	1,2

Geg.: ______

Ges.: a) ______ b) ______ c) ______

D. Laserstrahlschneiden

Aus einem Blech EN 10051 – 3 x 1200 x 2000, Stahl EN 10025 – S 355 JR sollen durch CNC-Laserstrahlschneiden 15 Ronden mit 396 mm Durchmesser ausgeschnitten werden. Die Laserleistung beträgt 1,5 kW, die Schnittbreite 0,15 mm.

a) Wie viel Millimeter ist der Schnittfugenweg für 15 Ronden?
b) Berechnen Sie die Schneidzeit (in Minuten) für 15 Ronden.
c) Wie hoch sind die Gesamtkosten für diesen Auftrag? Je Stunde werden 72 € berechnet, je Meter Laserstrahlschneiden 7 €.

Maschinendaten: Laserleistung 1,5 kW Linsenbrennweite 5" Schnittfugenbreite 0,15 mm	**Unlegierter Stahl** **Blechdicke *S* (mm)**					
	1	2	3	4	5	6
Schneidgeschwindigkeit *v* (m/min)	8,5	5,0	3,8	3,0	2,5	2,0
Schneidgas	Sauerstoff					
Schneidgasdruck (bar)	1,5 bis 3,5					

Geg.: ______________________________

____

Ges.: a) ________ b) ________ c) ________________

Metallbautechnik	Datum:	**Herstellen von Blechbauteilen** *Biegeumformen von Blechen*	Lernfeld 5
Name:	Klasse:		**7**

Beim Kaltbiegen von Blechen werden die Werkstofffasern am Außenradius gestreckt, am Innenradius gestaucht. In der Werkstoffmitte treten keine Spannungen auf; es handelt sich um die neutrale Faser.

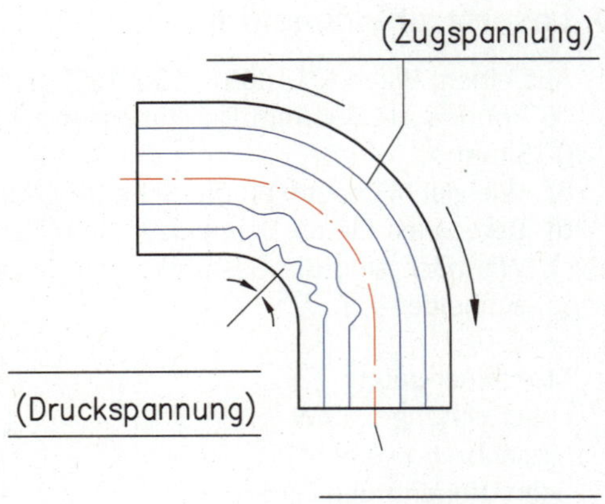

Der Biegewiderstand ist abhängig von:

- ______________________ (S 235 JR, C 45)
- ______________________ 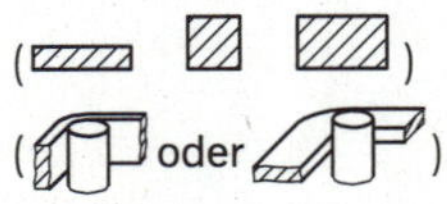
- ______________________ (oder)
- ______________________ (r = 20 mm, r = 100 mm)

Der Biegeradius ist von der Blechdicke, vom Werkstoff und dem Dehnungsvermögen des Werkstoffs abhängig.

Merke: Dicker Werkstoff ⟶ ______________________

Dehnbarer Werkstoff ⟶ ______________________

Immer quer zur Walzrichtung biegen.

Mögliche Folgen beim Kaltbiegen mit zu kleinem Biegeradius:

____

A. Schwenkbiegen von Blechen

Das geradlinige Abkanten von Blechen mit sehr kleinen Biegeradien wird mit der Schwenkbiegemaschine durchgeführt.

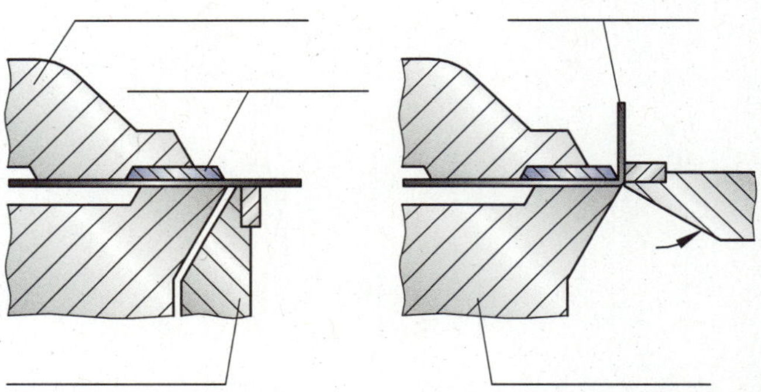

Die verschieden geformten Biegeschienen können ausgetauscht werden:

Falzschiene	Rundschiene	Geißfußschiene
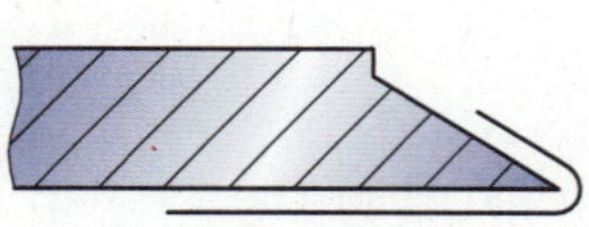	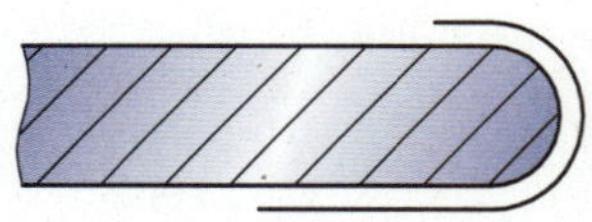	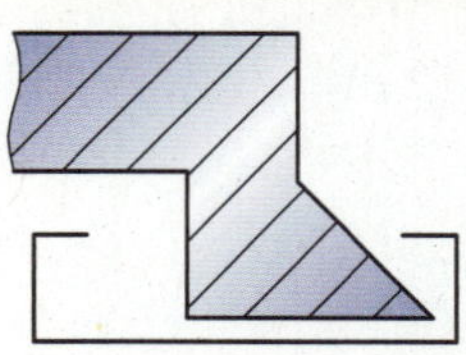

Arbeitsstufen

1. ______________________

2. ______________________

3. ______________________

4. ______________________

Bildnachweis: Di Gaspare, Michele (Bild und Technik Agentur für technische Grafik und Visualisierung)

B. Walzbiegen von Blechen

Beim Walzbiegen oder Runden werden Bleche mit großem Biegeradius zu Rohren, Dachrinnen, Rundbehältern oder gewendelten Blechstreifen für Spiral- oder Wickelfalzrohre gebogen. Es können zylindrische oder kegelige Rundungen hergestellt werden.

Aufgabe der Walzen

1. **Zuführungswalzen**

   Die untere Zuführungswalze ist wegen der unterschiedlichen Blechdicke höhenverstellbar.
   Damit das gerundete Blechteil aus der Maschine entnommen werden kann, ist die obere Zuführungswalze seitlich ausschwenkbar.

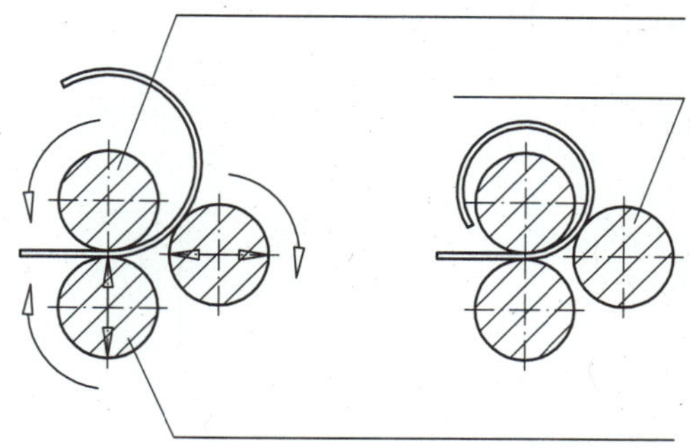

2. **Biegewalze**

   Die Biegewalze ist in Zuführungsrichtung verstellbar.
   Neben der Dreiwalzenrundmaschine gibt es auch Rundmaschinen mit vier Walzen.

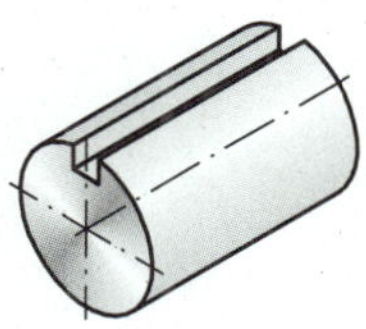

Nut zur Aufnahme von Umschlägen

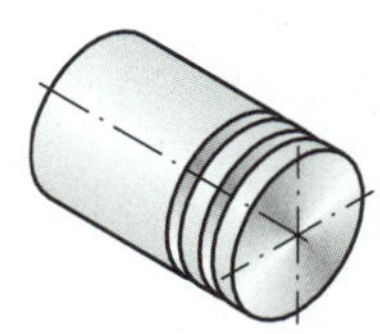

Nut zur Aufnahme von Blechumschlägen

Beachte!
Arbeiten Sie an Rundmaschinen mit besonderer Vorsicht, damit Quetschungen der Hände vermieden werden.

C. Gesenkbiegen von Blechen

Genaues Umformen von Blechen wird mit der hydraulischen Gesenkbiegepresse durchgeführt.

Tragen Sie die entsprechenden Ziffern ein.

① Unterbalken
② Zentrierplatte
③ Einstellschraube mit Gegenmutter
④ Untergesenkprisma oder Matrize (auswechselbar)
⑤ Werkstück
⑥ gekröpfter Obergesenkstempel (auswechselbar)
⑦ Klemmleiste
⑧ Oberbalken

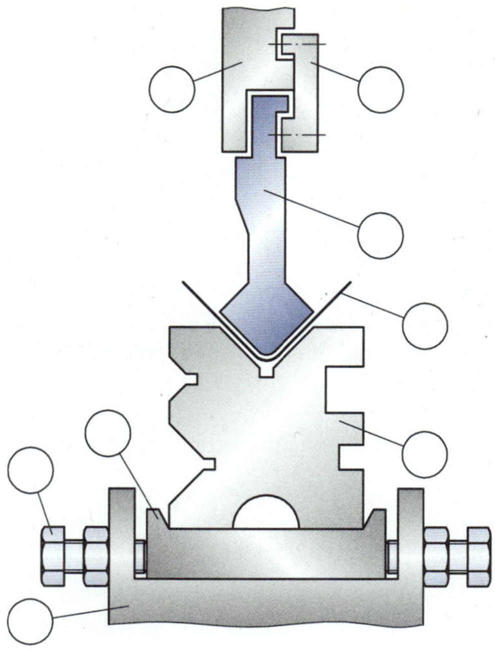

Bildnachweis: Di Gaspare, Michele (Bild und Technik Agentur für technische Grafik und Visualisierung)

Für komplizierte Werkstückformen sind mehrere Biegungen in der richtigen Reihenfolge durchzuführen.

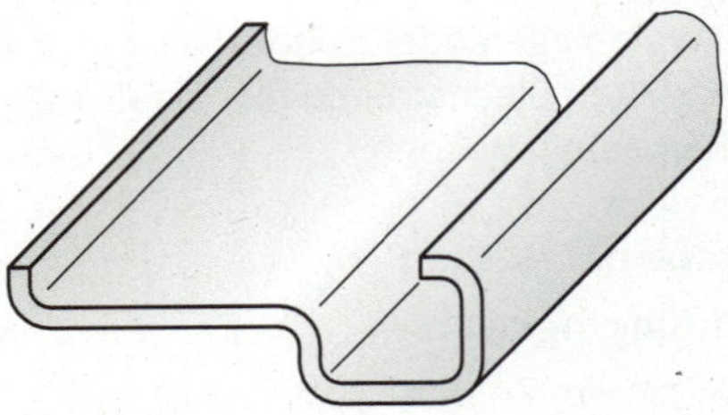

1. **Aufgabe:** Das skizzierte Fassadenprofil aus verzinktem Stahlblech soll mit der Gesenkbiegepresse (Abkantpresse) hergestellt werden.
   Erstellen Sie den Arbeitsfolgeplan.
   Für die Ermittlung der richtigen Arbeitsfolgen können Sie einen Papierstreifen zu Hilfe nehmen.

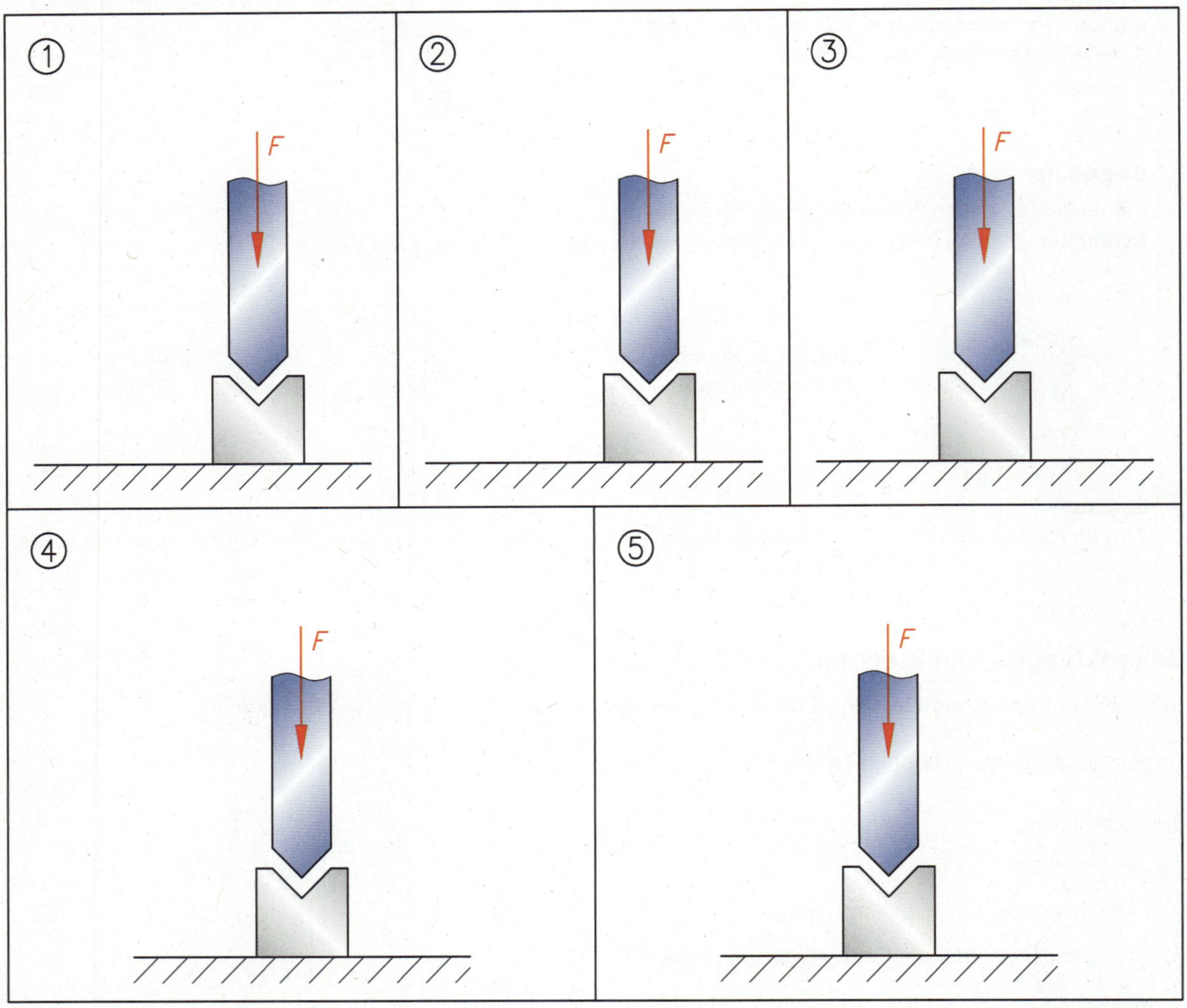

2. **Aufgabe:** Ein 4 mm dickes Stahlblech mit der Mindeststreckgrenze von 235 N/mm² soll quer zur Walzrichtung gebogen werden. Der Biegewinkel beträgt 100°.
   Bestimmen Sie mithilfe des Tabellenbuchs den Mindestbiegeradius.

   Mindestbiegeradius r_{min} = ________ mm

   Wie groß ist r_{min}, wenn in Walzrichtung gebogen wird?

   r_{min} = ________ mm

3. **Aufgabe:** Das Blech aus einer Al-Legierung (EN AW 6082 – T 6) ist 1 mm dick und soll um 90° gebogen werden.
   Bestimmen Sie auch hier den Mindestbiegeradius.

   r_{min} = ________ mm

Berechnen Sie die gestreckte Länge (in mm) des gezeichneten Kropfstücks.

Geg.: ______

______

Ges.: ______

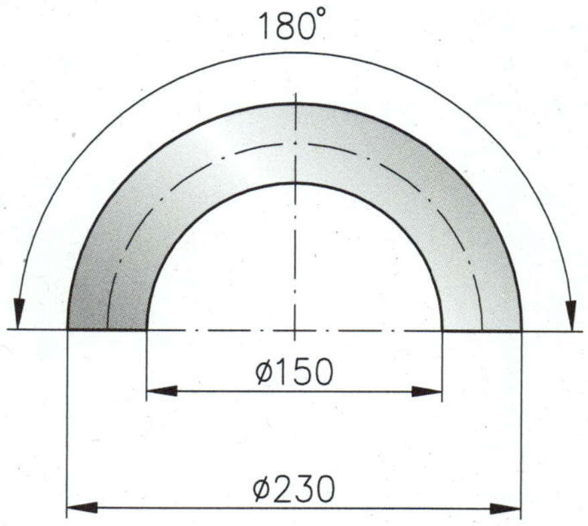

Die gestreckte Länge ist die Länge der ______

______. Im Beispiel ist es ein Kreis-

______ mit ______°.

Die neutrale Faser ist die Länge, die beim Biegen weder ______ noch ______ wird.

Länge des Kreisbogens: l_B =

Überlegen Sie, welchen Durchmesser Sie einsetzen, und tragen Sie dieses Maß in die Skizze ein.

d __ = ______ mm

Zur Berechnung der Länge der neutralen Faser von Biegeteilen wird der ______ Durchmesser d __ eingesetzt.

d __ =	l_B =

d __ = ______ l_B = ______

d __ = ______ mm l_B = ______ mm

1. **Aufgabe:** Berechnen Sie die gestreckte Länge des Rahmens für ein Bogenfenster bei 30 mm Rahmenbreite und einem allseitigen Wandabstand von 20 mm. Die angegebenen Maße sind die Maße der lichten Maueröffnung.

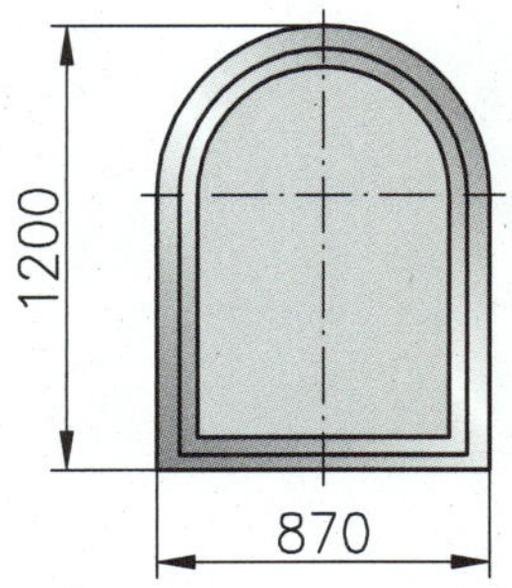

2. Aufgabe: Aus Rohren mit 50 mm Außendurchmesser sollen für einen Kinderspielplatz Turngeräte nach Skizze gebogen werden. Für die Fundamente ist eine Zugabe von je 100 cm vorzusehen.
Berechnen Sie die fehlende Länge l (in mm), wenn 6 m lange Rohre verarbeitet werden.

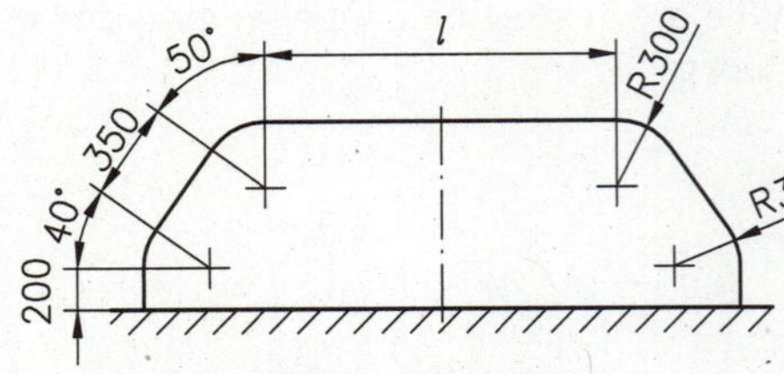

Die Skizze zeigt Außenmaße.

3. Aufgabe: Berechnen Sie für das skizzierte Korbgitter die gestreckte Länge (in mm) eines Stabs.

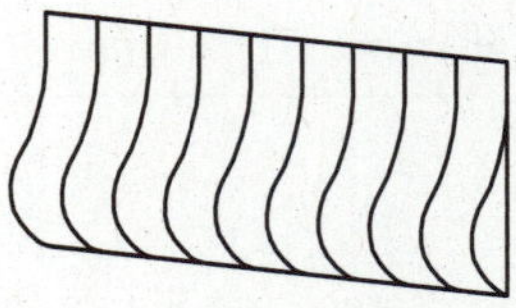

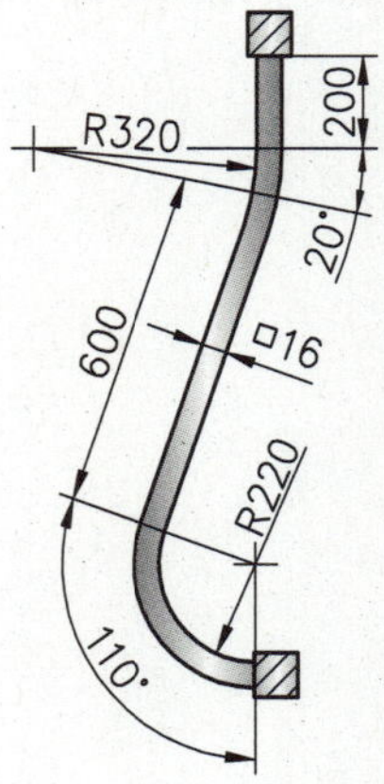

Ein Kropfstück soll mit einem mittleren Radius von 120 mm um 54° gebogen werden.
Wie viel mm ist die gestreckte Länge?

Geg.: ______________________

Ges.: ______________________

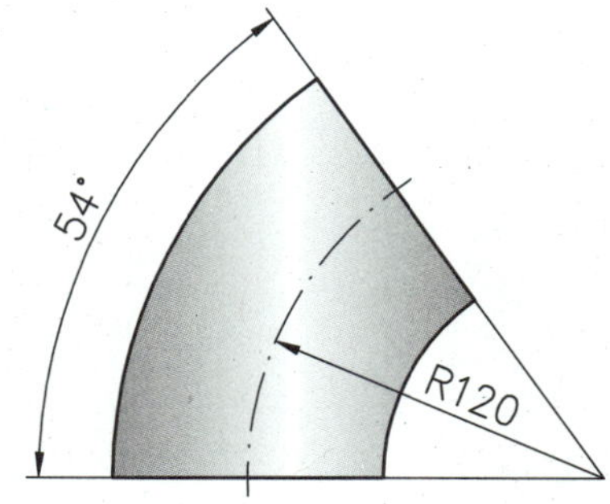

Bogenlängen lassen sich auch mithilfe von Tabellen ermitteln.
Die Tabelle gibt die Bogenlänge l_B für den Radius $r_o = 1$ an.

Winkel α (°)	**Bogenlänge l_B für den Radius $r_o = 1$**									
	0°	1°	2°	3°	4°	5°	6°	7°	8°	9°
		0,0175	0,0349	0,0524	0,0698	0,0873	0,1047	0,122	0,1396	0,1571
10	0,1745	0,1920	0,2094	0,2269	0,2443	0,2618	0,2793	0,2967	0,3142	0,3316
20	0,3491	0,3665	0,3840	0,4014	0,4185	0,4363	0,4538	0,4712	0,4887	0,5061
30	0,5236	0,5411	0,5585	0,5760	0,5934	0,6109	0,6283	0,6458	0,6632	0,6807
40	0,6981	0,7156	0,7330	0,7505	0,7679	0,7854	0,8029	0,8203	0,8378	0,8552
50	0,8727	0,8901	0,9076	0,9250	0,9425	0,9599	0,9774	0,9984	1,0123	1,0297
60	1,0472	1,0647	1,0821	1,0996	1,1170	1,1345	1,1519	1,1694	1,1868	1,2043
70	1,2217	1,2392	1,2566	1,2741	1,2915	1,3090	1,3265	1,3439	1,3614	1,3788
80	1,3963	1,4137	1,4312	1,4486	1,4661	1,4835	1,5010	1,5184	1,5359	1,5533
90	1,5708	1,5882	1,6057	1,6232	1,6406	1,6581	1,6755	1,6930	1,7104	1,7279
100	1,7453	1,7628	1,7802	1,7977	1,8151	1,8326	1,8500	1,8675	1,8850	1,9024
110	1,9199	1,9373	1,9548	1,9722	1,9897	2,0071	2,0246	2,0420	2,0594	2,0769
120	2,0944	2,1118	2,1293	2,1468	2,1642	2,1817	2,1991	2,2166	2,2340	2,2515
130	2,2689	2,2864	2,3038	2,3213	2,3387	2,3562	2,3736	2,3911	2,4086	2,4260
140	2,4435	2,4609	2,4784	2,4958	2,5133	2,5307	2,5482	2,5656	2,5813	2,6005
150	2,6180	2,6354	2,6529	2,6704	2,6878	2,7053	2,7227	2,7402	2,7576	2,7751
160	2,7925	2,8100	2,8274	2,8449	2,8623	2,8798	2,8972	2,9147	2,9322	2,9496
170	2,9671	2,9845	3,0020	3,0194	3,0369	3,0543	3,0718	3,0892	3,1067	3,1241
180	3,1416	–	–	–	–	–	–	–	–	–

Bestimmen Sie die Bogenlänge l_B für $\alpha = 40°$.

$r = 1$ mm ⟶ $l_B =$ ______________________

$r = 1$ m ⟶ $l_B =$ ______________________

Erkenntnis: Der abgelesene Tabellenwert für die Bogenlänge l_B erhält die gleiche Benennung wie ______________________

Bestimmen Sie nun die Bogenlänge l_B (in mm) für das Kropfstück mithilfe der Tabelle.

$r =$ 1 mm und $\alpha = 54°$ ⟶ $l_B =$ ______________________

$r =$ ______ mm und $\alpha = 54°$ ⟶ $l_B =$ ______________________

$l_B =$ ______________________

Bestimmen Sie die Bogenlänge l_B für r = 1 m und α = 240°.

$r = 1$ m und $\alpha =$ ______ ° ⟶ $l_{B1} =$ ______________________

$r = 1$ m und $\alpha =$ ______ ° ⟶ $l_{B2} =$ ______________________

$l_B =$ ______________________

Erkenntnis: Winkel über 180° werden ______________________

1. **Aufgabe:** Überprüfen Sie die Bogenlängen der Aufgaben von Seite 31 und 32.

Aufgabe 1: r_m = ______, α = ______°

l_B = ______

l_B = ______

Aufgabe 2: r_m = ______, α = ______°

l_B = ______

l_B = ______

Aufgabe 3: r_{m1} = ______, α_1 = ______°

l_{B1} = ______

l_{B1} = ______

r_{m2} = ______, α_2 = ______°

l_{B2} = ______

l_{B2} = ______

2. **Aufgabe**: Ein Rohr, Außendurchmesser 50 mm, wird mit einem Innenradius von 680 mm um 205° gebogen. Bestimmen Sie mithilfe der Tabelle auf der vorigen Seite die gestreckte Länge des Bogens (in mm).

3. **Aufgabe**: Für einen Windschutz ist ein Rahmen aus Rohr (Außendurchmesser = 40 mm) nach Skizze zu biegen. Berechnen Sie mithilfe der Tabelle auf der vorigen Seite die Rohrlänge (in mm).

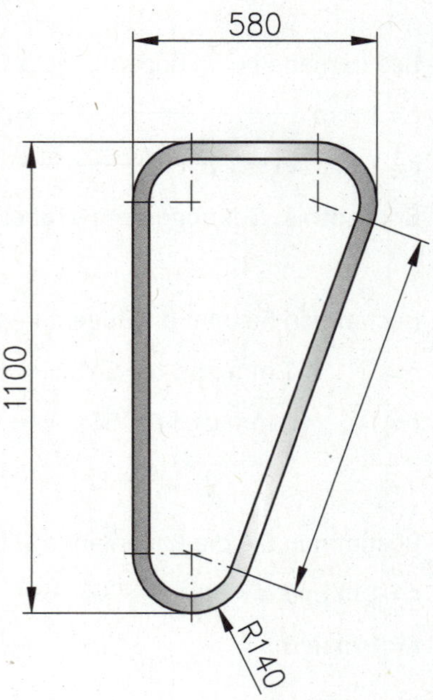

Bei gebogenen Blechteilen kann das Biegestück am Radius gestreckt, manchmal aber auch gestaucht werden.

Zuschnittlänge

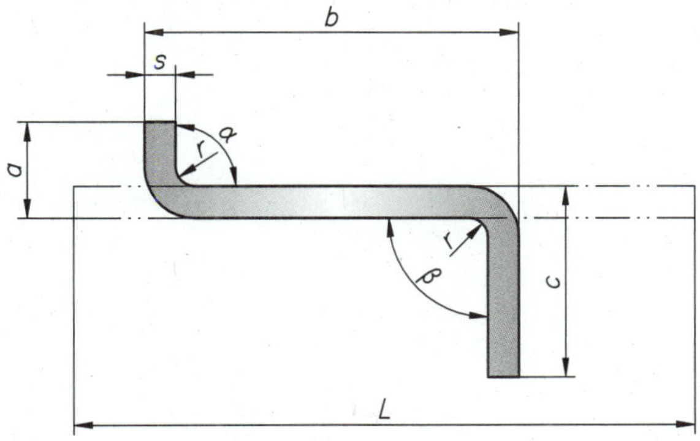

Größe	Formelzeichen	Einheit
Zuschnittlänge		
Schenkellänge		
Dicke		
Biegeradius		
Öffnungswinkel		
Ausgleichswert		

Schenkellänge = Außenmaß der Biegeschenkel

Der Ausgleichswert *v* ist abhängig von

$L =$

Der Ausgleichswert wird meist Tabellen entnommen.

Ausgleichswert *v* für Biegeteile mit einem Öffnungswinkel von 90°

Blechdicke *s* (mm)	1	1,5	2	2,5	3	3,5	4	4,5	5	6
Biegeradius *r* (mm)										
1	1,9									
1,6	2,1	2,9								
2,5	2,4	3,2	4,0	4,8						
4	3,0	3,7	4,5	5,2	6,0	6,9				
6	3,8	4,5	5,2	5,9	6,7	7,5	8,3	9,0	9,9	
10	5,5	6,1	6,7	7,4	8,1	8,9	9,6	10,4	11,2	12,7
16	8,1	8,7	9,3	9,9	10,5	11,2	11,9	12,6	13,3	14,8

Für Biegeteile mit einem Öffnungswinkel unter oder über 90° kann der Ausgleichswert *v* dem Tabellenbuch entnommen werden.

Geg.: $a = 15$ mm, $b = 140$ mm, $c = 32$ mm, $s = 2$ mm, $r = 4$ mm, $\alpha = \beta = 90°$
Ges.: L

Bei einfachen Biegeteilen mit einem Biegewinkel von 90° und der Blechdicke *s* unter 5 mm kann der Ausgleichswert *v* auch mit der Näherungsformel bestimmt werden:

$$v \approx 2 \cdot s$$

Geg.: $\alpha = 90°$, $s = 4$ mm, $r = 6$ mm
Ges.: *v* nach Tabellenbuch und *v* mit Näherungsformel

Tabellenbuch: $v =$ Näherungsformel: $v \approx$

$v \approx$

$v \approx$

1. Aufgabe:
Bestimmen Sie den Ausgleichswert *v* und berechnen Sie die gestreckte Länge *L*.
Verwenden sie zur Lösung das Tabellenbuch.

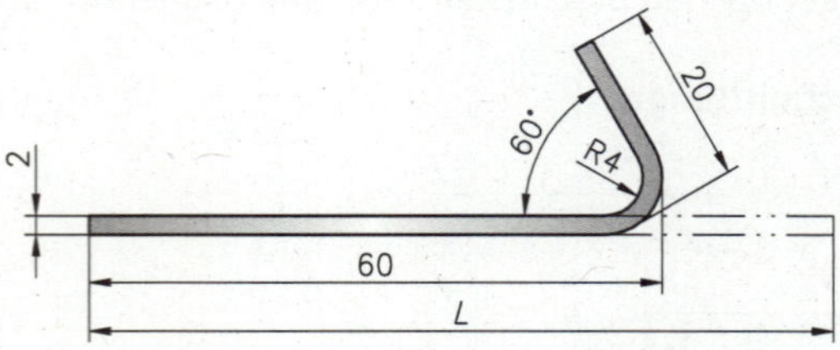

2. Aufgabe:
Wie groß sind die beiden Ausgleichswerte und wie groß ist die Zuschnittlänge des S-Hakens?

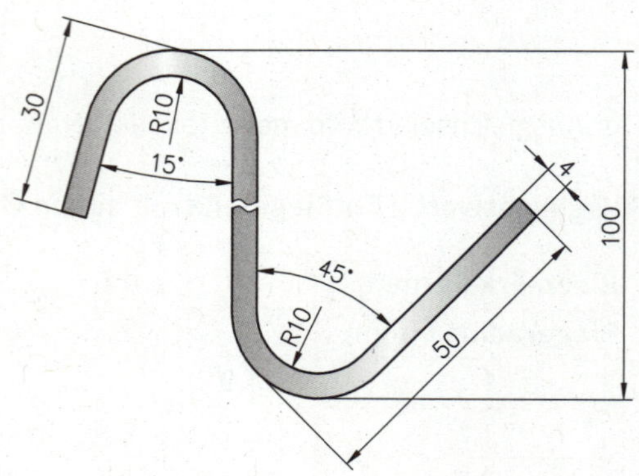

3. Aufgabe:
Bestimmen Sie die Ausgleichswerte. Auf welche Länge muss der Blechstreifen für das skizzierte Biegeteil zugeschnitten werden?

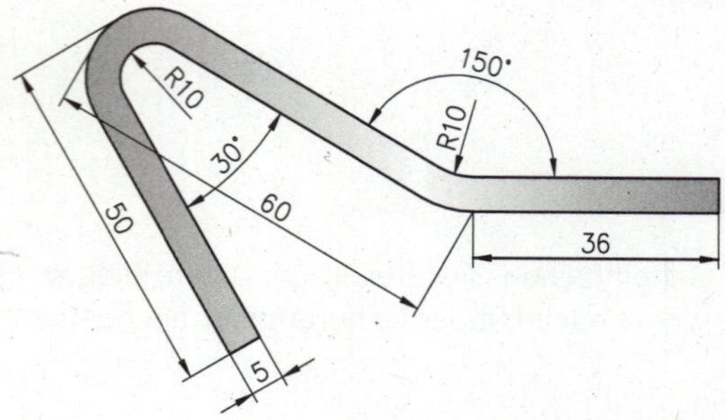

NC bedeutet „Numerical Control" = Numerische Steuerung oder „Steuern mit Zahlen".
CNC bedeutet „Computerized numerical control" = Steuern mit Zahlen mithilfe eines Impulses.

A. Vergleich herkömmlicher und NC-gesteuerter Maschinen

Handgesteuerte Maschine

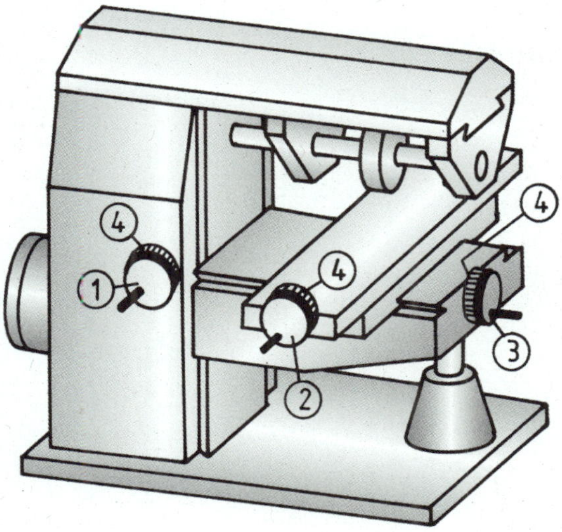

①
② } = ______________________
③ ______________________
④ = ______________________

Merke:
Vor dem Fräsen muss der Metallbauer/die Metallbauerin die richtige Reihenfolge der Werkstückbearbeitung festlegen.

Der Metallbauer/die Metallbauerin muss beim Bearbeiten eines Werkstücks ständig Werkzeug und Werkstück von Hand neu positionieren

(z. B. ______________________).

CNC-gesteuerte Maschine

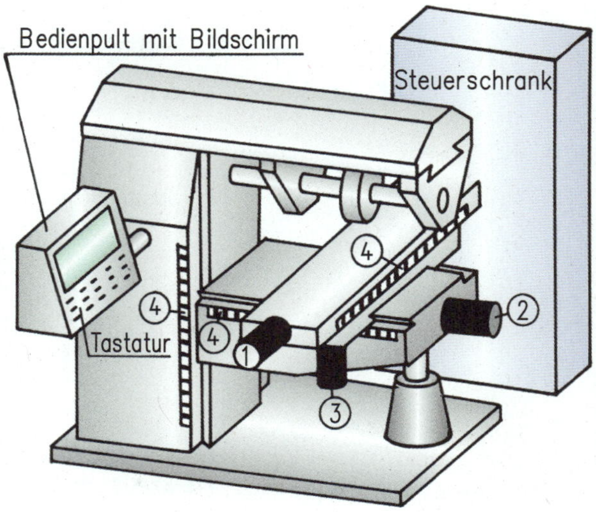

①
② } = ______________________
③ ______________________
④ = ______________________

Merke:
Vor dem Fräsen wird der gesamte Bearbeitungsvorgang in kleine Arbeitsschritte aufgeteilt. Diese werden als verschlüsselte Befehle oder Daten über das Bedienfeld der Steuerung mitgeteilt.

Bezeichnung für diese Befehle oder Daten:

____

Welche Aufgaben hat hier der Metallbauer/die Metallbauerin nach dem Programmieren zu erfüllen?

____

____

____

____

B. Prinzip der CNC-Fertigung

Technische Darstellung (____________________)

↓

Arbeitsplan	1. Informationen über das Werkstück: Z. B. ____________________
	2. Technologische Informationen: Z. B. ____________________
	3. Zusatzinformationen: Ein-Aus { ____________________
Werkzeugplan	Werkzeugart: ____________________ Werkstoff: ____________________
Vorrichtungsplan	Einzelanfertigung: ____________________ Serienfertigung: ____________________

Programmanleitung → Programmierer/Programmiererin

↓

Erstellen des Programms (Gesamtinformations-Erstellung) z. B.

→ Datenprüfung, Dateneingabe: ____________________

↓

CNC-Steuerung	Bildschirm
Verarbeitung von Informationen	Probedurchlauf (= Simulation) vor der Werkstückbearbeitung
Speichern von Informationen	Datenanzeige während der Bearbeitung

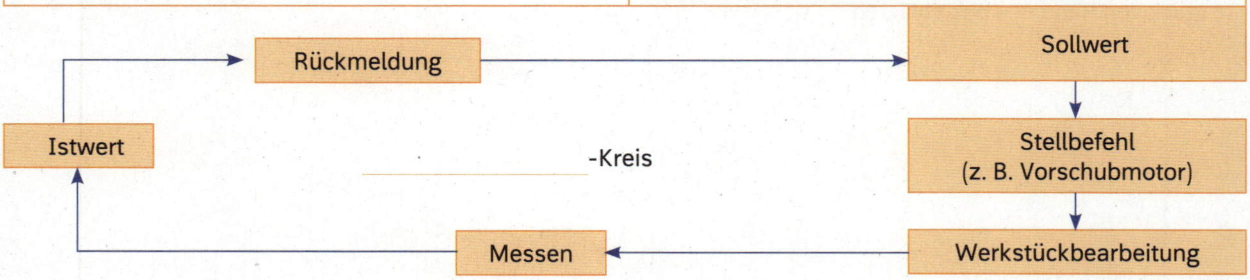

Wenn der Istwert unter Beachtung der Fertigungstoleranzen mit dem Sollwert übereinstimmt, wird der Regelkreis unterbrochen = ____________________.

C. Vor- und Nachteile von CNC-Maschinen

Vorteile:

Serienfertigung:

Programmänderungen:

Schnittgeschwindigkeit:

Ausschuss:

Kontrolle:

Keine Schablonen („Meisterstücke") notwendig.

Nachteile:

Anschaffungskosten:

Wartungskosten:

Arbeitsplanung:

Bedienungspersonal:

D. Baugruppen und Produktionseinheiten

1. **Antriebe**

a) Hauptantrieb

Anstelle der herkömmlichen Drehstrommotoren mit Stufengetriebe werden in modernen Werkzeugmaschinen drehzahlregelbare Gleichstromantriebe verwendet.
Forderungen an moderne Hauptantriebe:

b) Vorschubantriebe

Jede Maschine führt beim Bearbeiten eines Werkstücks Bewegungen aus.

Beispiele:

Für jede Maschinenbewegung ist ein Einzelantrieb notwendig. Dadurch können alle Antriebswellen gleichzeitig und unabhängig voneinander angetrieben werden.

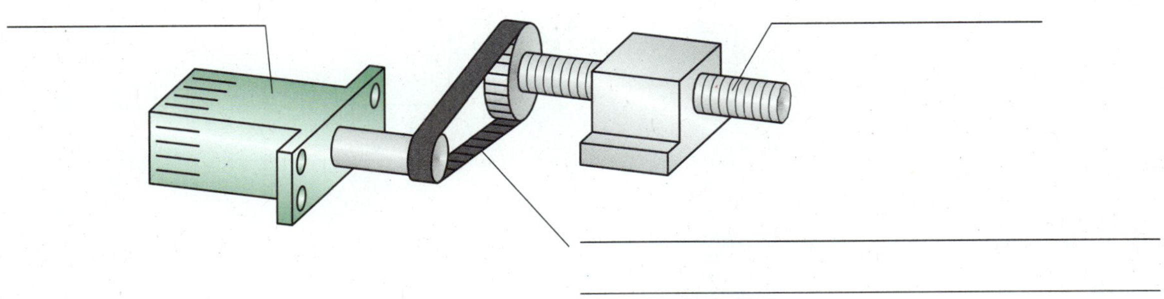

Vorteile:

Drehzahlregelung:

Ansteuerung:

Lebensdauer:

Wartung:

Nachteile:

Anschaffungspreis:

Steuerung:

Antriebsstrom:

c) **Kugelumlaufspindel**

Kugelumlaufspindel mit Innenumlenkung

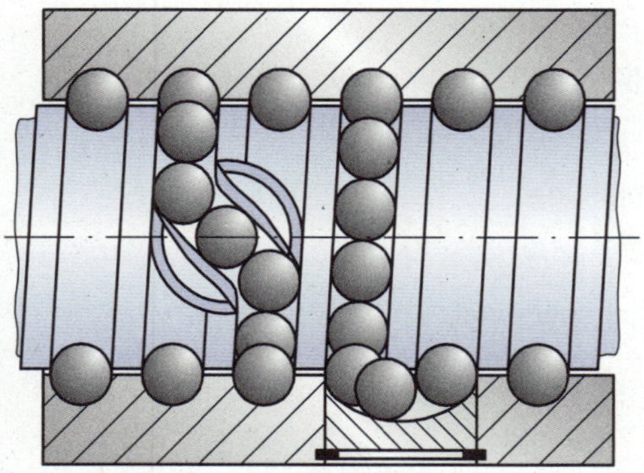

Kugelumlaufspindel mit Rohrumlenkung

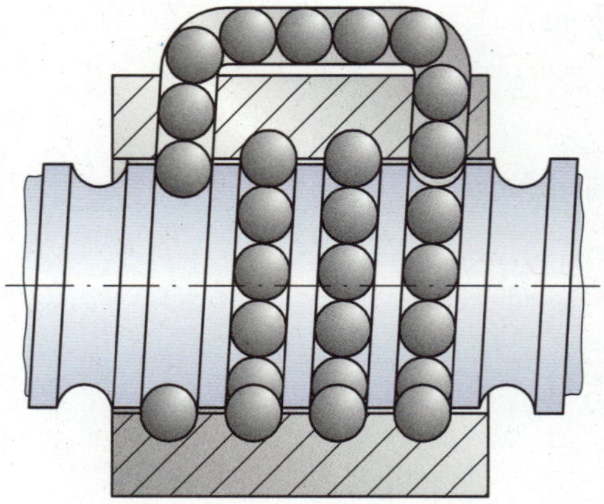

Vorteile der Kugelumlaufspindel:

2. Beispiel für das Bedienfeld einer CNC-Steuerung

CNC-Maschinen werden über das Bedienfeld gesteuert. Die Symbole sind genormt (Tabellenbuch).

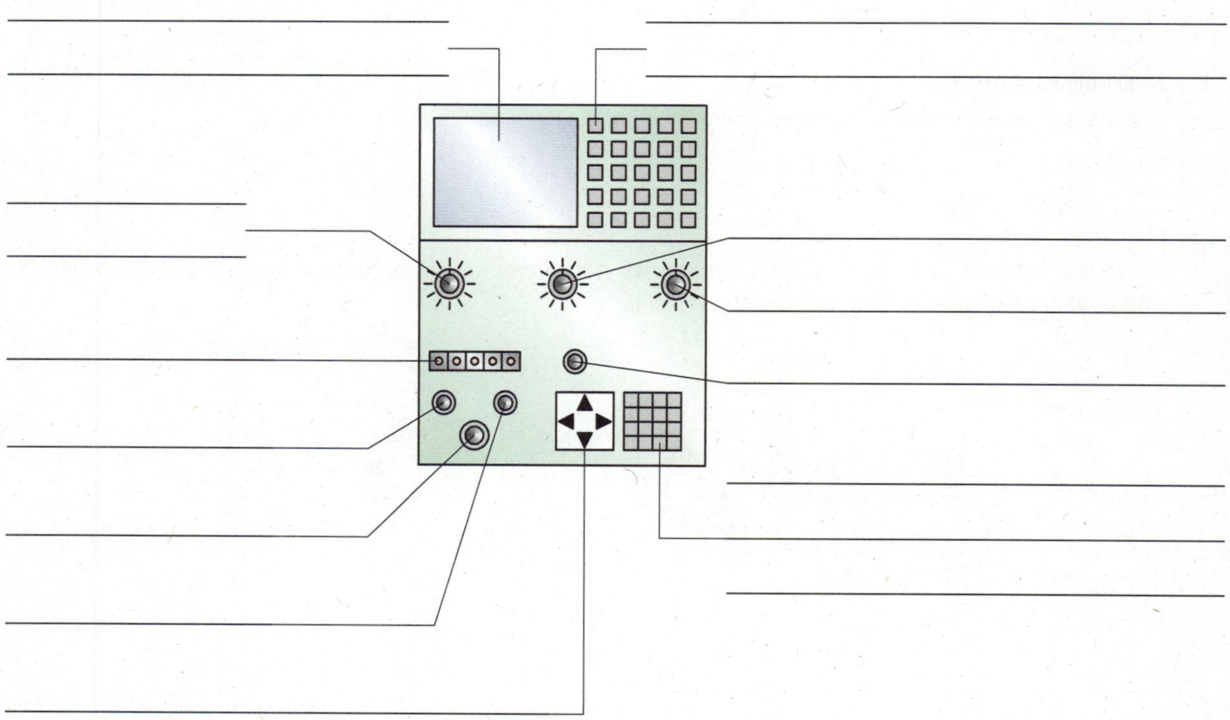

3. Wegmesssystem am Beispiel einer Plasmaschneidmaschine

Beim Bearbeiten eines Werkstücks mit CNC-Maschinen müssen laufend Ist- und Sollwertvergleiche von Werkstück und Werkzeug durchgeführt werden. Dazu sind Wegmesseinrichtungen erforderlich.

a) Direkte Wegmessung

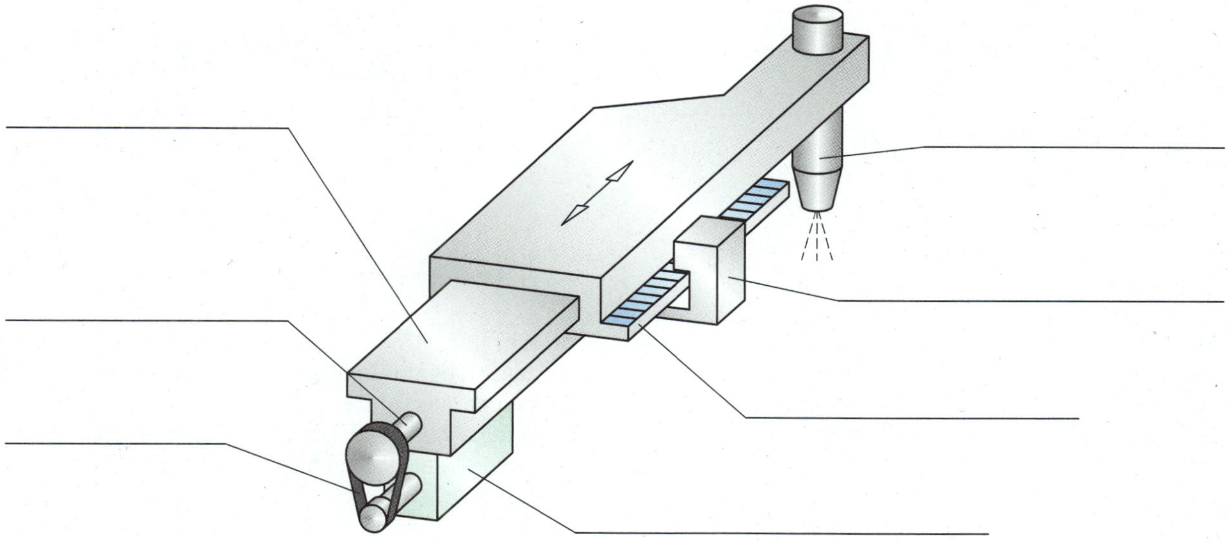

Der Strichmaßstab ist parallel mit dem beweglichen Maschinenschlitten verbunden. Der festsitzende Messkopf ist am Schlittenunterbau befestigt und zählt die Strichmaße. Diese Istwerte werden der Steuerung laufend zugeführt.

b) Indirekte Wegmessung

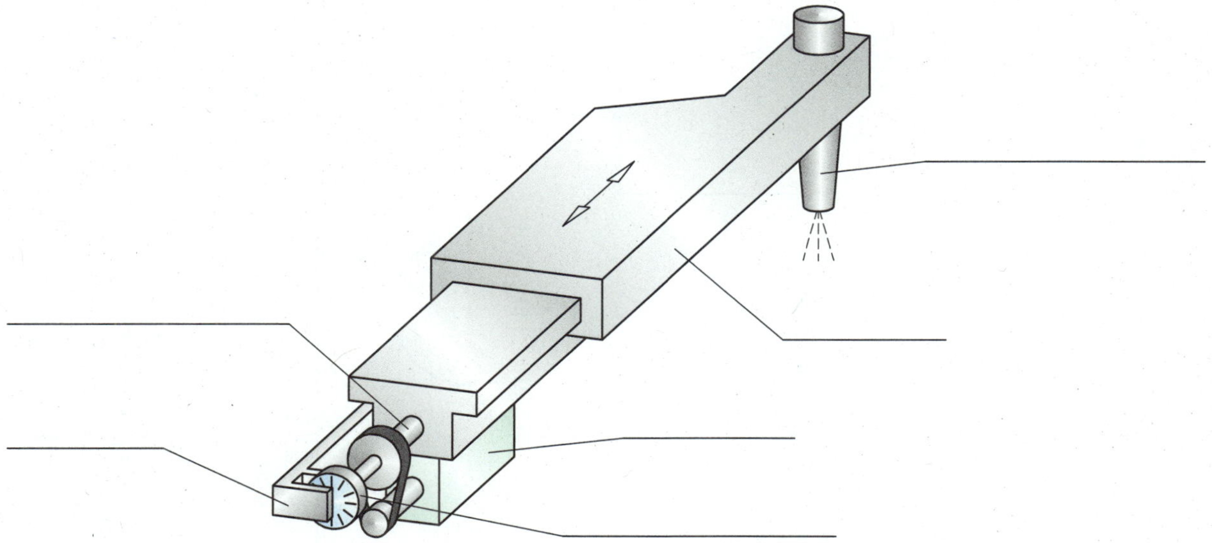

Der Stellmotor treibt über den Zahnriemen die auf der Kugelumlaufspindel festsitzende Strichmaßscheibe an. Der Messkopf zählt die vorbeilaufenden Striche, wandelt sie in elektrische Impulse um und gibt diese Istwerte an die Steuerung weiter.

Bei der direkten und indirekten Wegmessung werden die Istwerte mit den Sollwerten verglichen. Der Schlitten bewegt sich so lange, bis Sollwert und Istwert übereinstimmen.

c) Inkrementale Wegmessung
(Schrittweise Wegmessung)

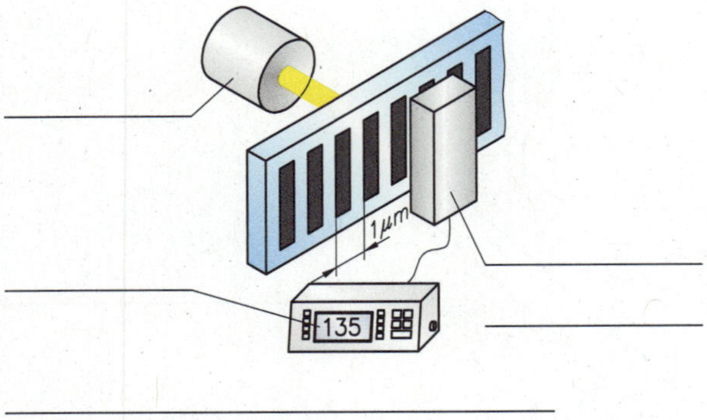

Merke:
Inkrementale Wegmessung bedeutet „Kettenmaß"-Messung. Es gibt also keinen Ausgangs- oder Nullpunkt. Es wird immer Strecke an Strecke aneinandergereiht.

d) Absolute Wegmessung
(Bezugswegmessung oder Nullpunktwegmessung)

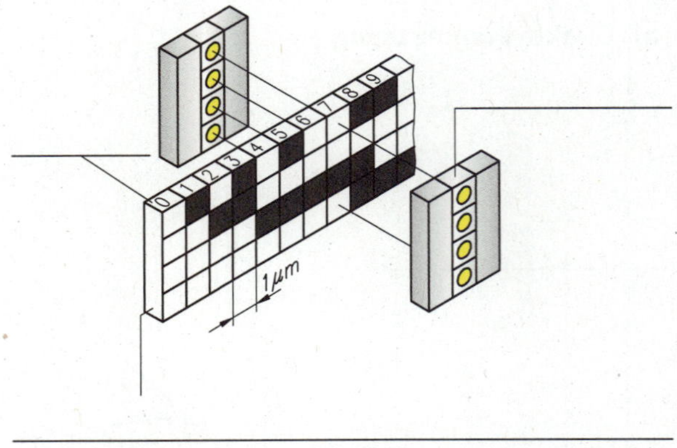

Merke:
Absolute Wegmessung bedeutet „Bezugskanten"-Messung. Alle Maße beziehen sich auf einen Ausgangs- oder Nullpunkt. Die Schlittenposition ist jederzeit, auch bei einem Stromausfall, exakt bestimmbar.

E. Koordinatenbemaßung

1. Inkrementale Bemaßung (Kettenbemaßung)
Bemaßen Sie das Werkstück nach dem inkrementalen Bemaßungssystem.

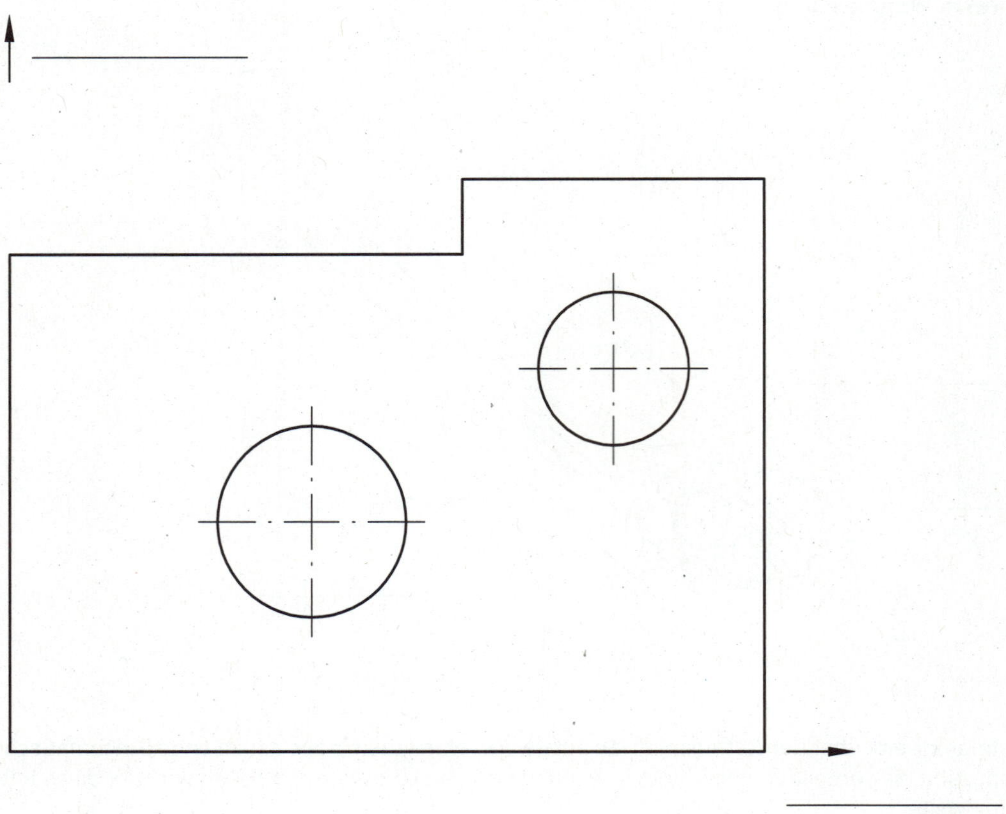

Ausgangspunkt der Maße: ____________________

2. Absolute Bemaßung (Bezugsbemaßung)

Bemaßen Sie das Werkstück nach dem absoluten Bemaßungssystem.

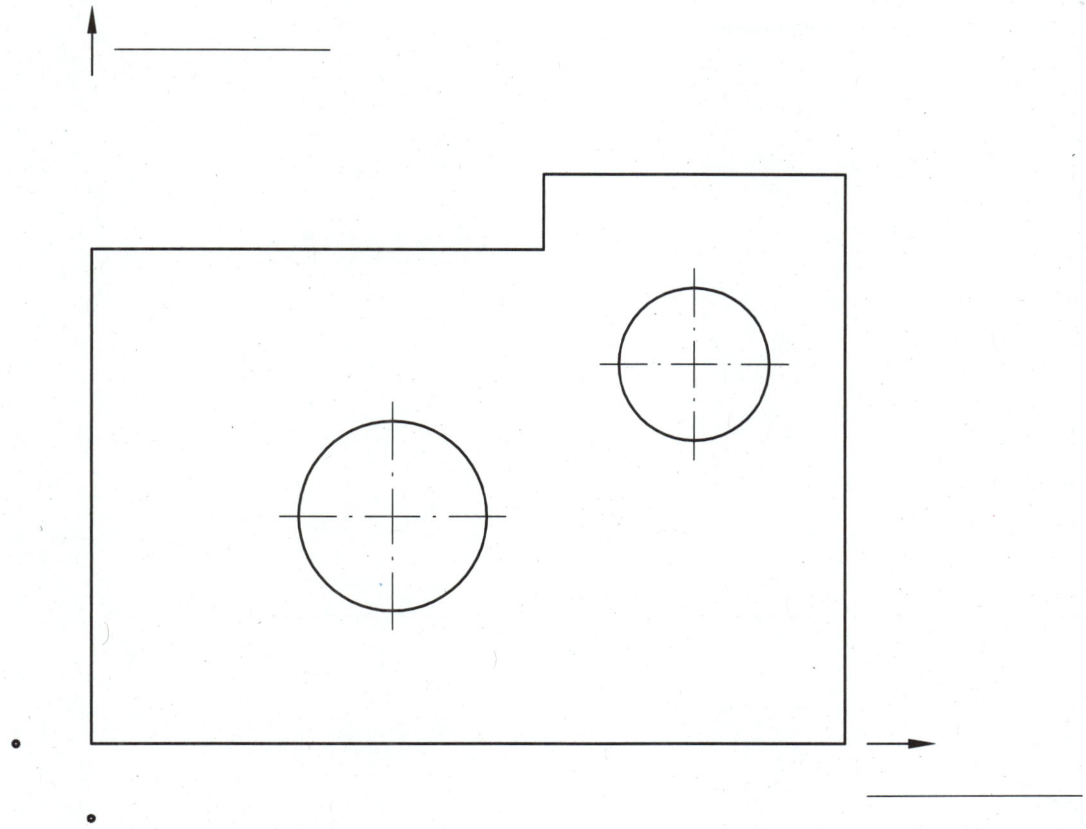

Ausgangspunkt aller Maße: ______________________

F. Maschinenkoordinaten

Das rechtwinklige Maschinenkoordinatensystem wird immer auf das Werkstück bezogen.

1. Zweiachsiges = ebenes Koordinatensystem

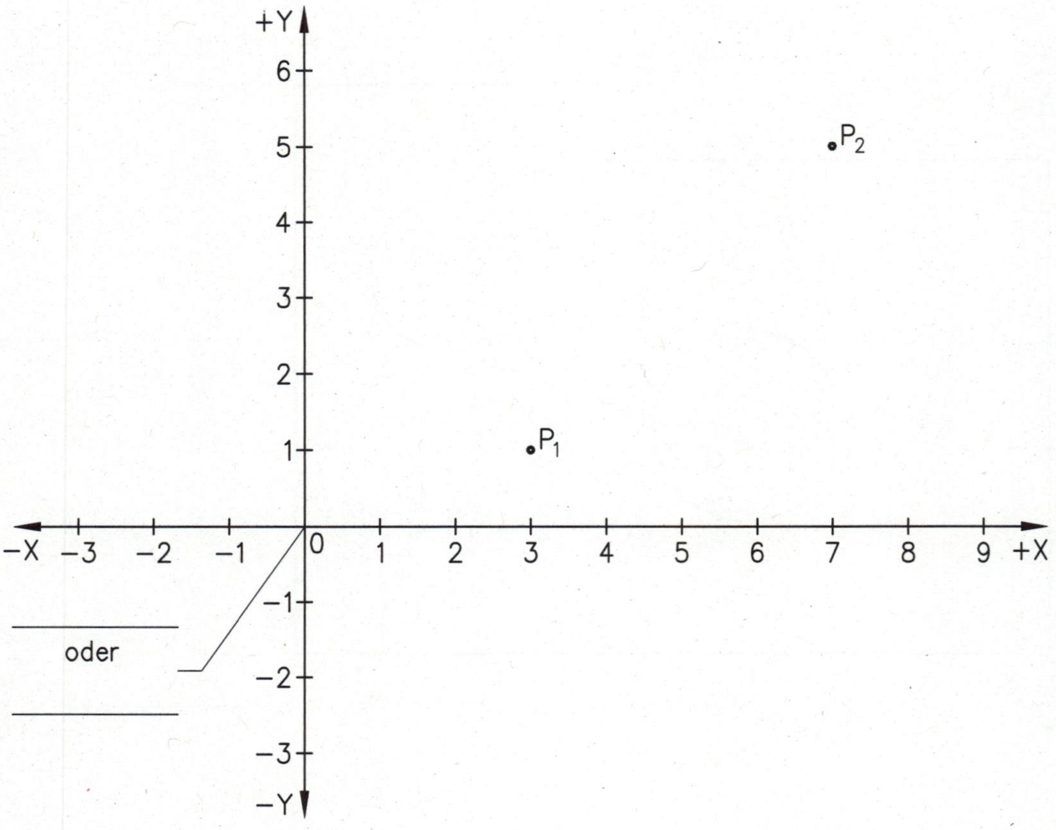

Aufgabe: a) Bestimmen Sie die Koordinaten der Punkte P_1 und P_2.

P_1 (X-Wert = ______, Y-Wert = ______)

Genormte Schreibweise:

P_1 (______ / ______)

P_2 (______ / ______)

b) Zeichnen Sie die Punkte P_3 (−1/4), P_4 (5/2,5), P_5 (4/0) und P_6 (6/−2) in das Koordinatensystem ein.

2. Dreiachsiges = räumliches Koordinatensystem

In der räumlichen Darstellung wird die Y-Achse unter 45° zur X- und Z-Achse gezeichnet.

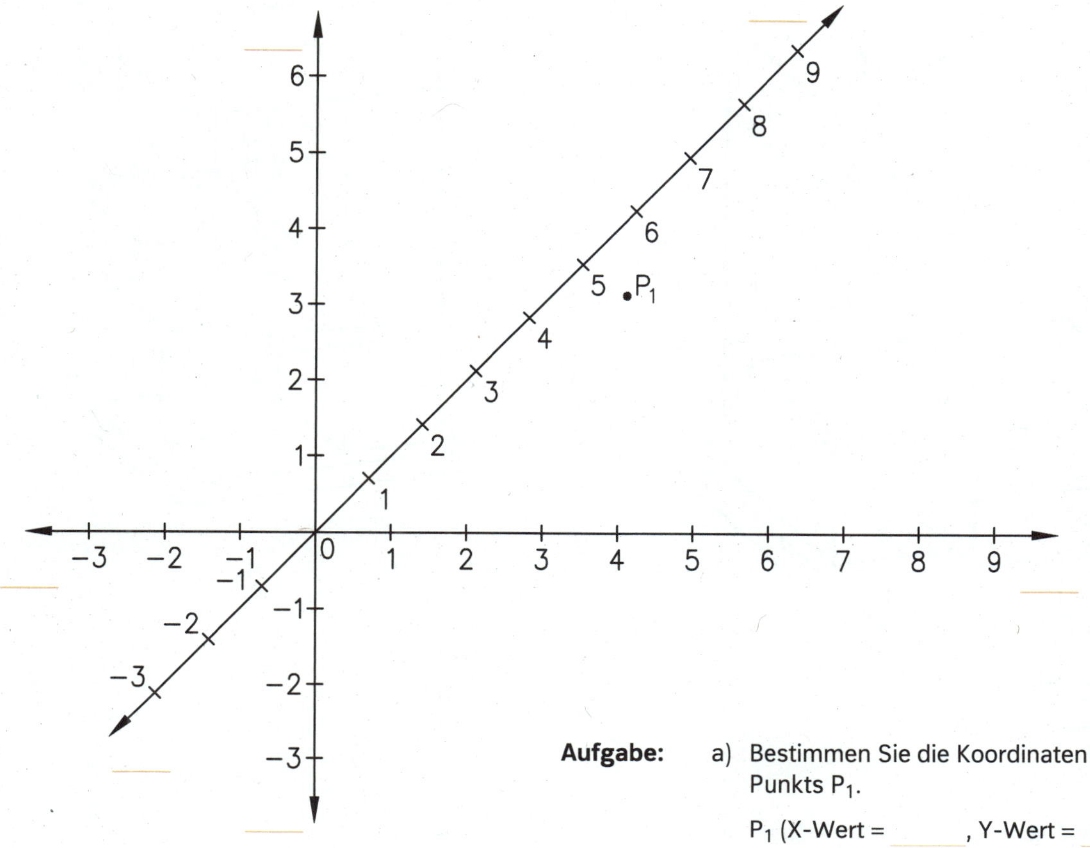

Aufgabe: a) Bestimmen Sie die Koordinaten des Punkts P_1.

P_1 (X-Wert = ______, Y-Wert = ______,

Z-Wert = ______)

Genormte Schreibweise:

P_1 (______ / ______ / ______)

b) Zeichnen Sie die Punkte P_2 (2/1/0) und P_3 (3,5/4/1) in das Koordinatensystem ein.

Merkhilfe mit der rechten Hand:

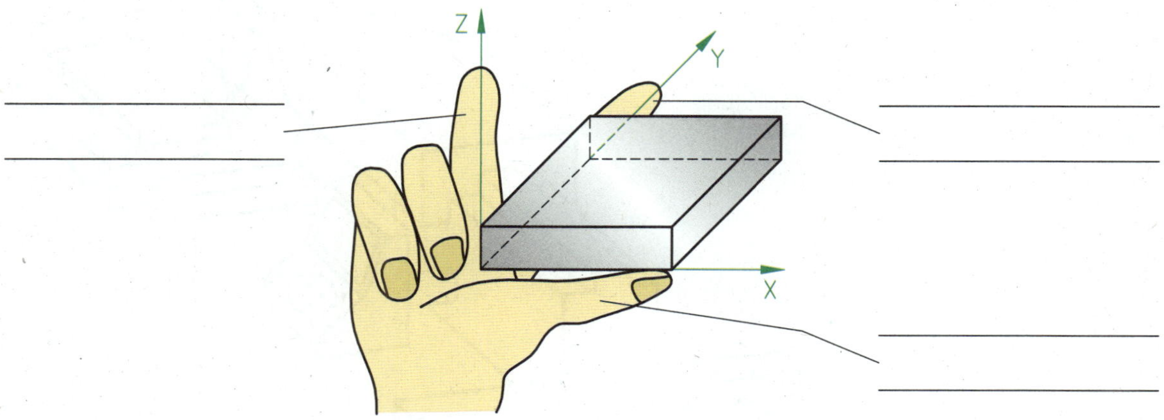

G. Koordinatenachsen an CNC-Maschinen (Auswahl)

Senkrecht-Fräsmaschine

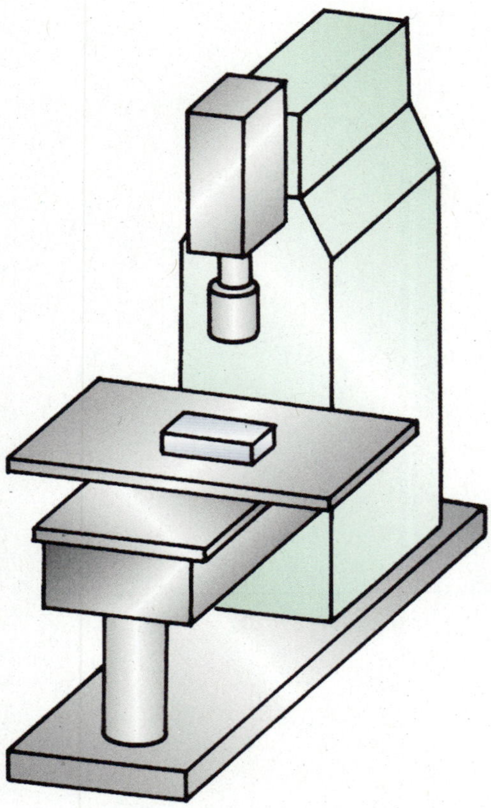

Waagerecht-Fräsmaschine

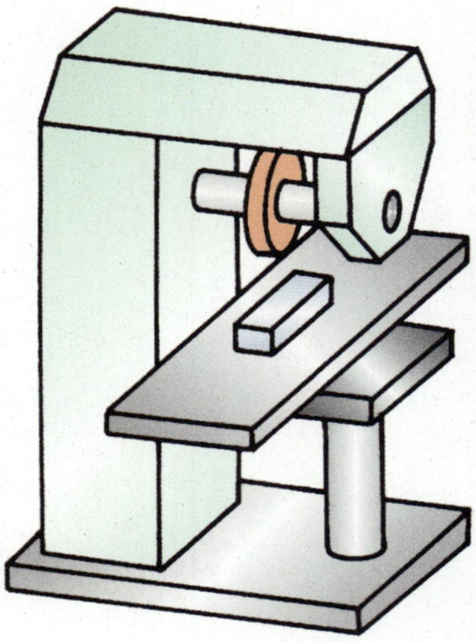

Aufgabe: Zeichnen Sie die räumlichen Koordinatenachsen in die Skizzen ein.

Verlauf der Achsen

Z-Achse:

____

____

____

X-Achse:

____

Y-Achse:
Sie ist durch Lage und Richtung der X- und Z-Achse festgelegt (Rechte-Hand-Regel).

Brennschneidmaschine

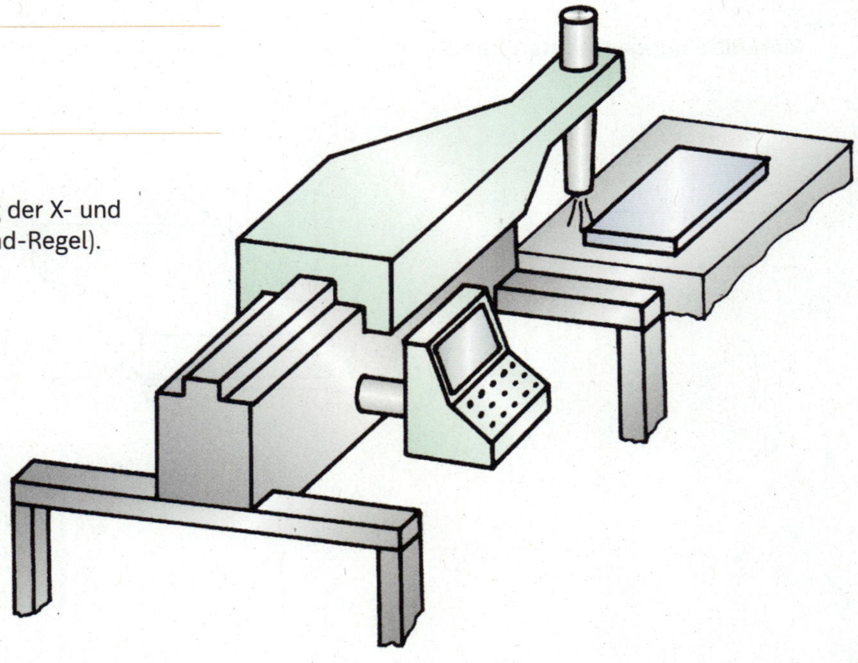

H. Bezugspunkte (Auswahl)

1. Werkstücknullpunkt W

Der Werkstücknullpunkt ist der Nullpunkt des Werkstückkoordinatensystems. Seine Lage ist frei wählbar und beliebig verschiebbar. Der Werkstücknullpunkt wird in der Regel für jedes neue Programm neu eingegeben.

Symbol (siehe Tabellenbuch):

Aufgabe: Bestimmen Sie die Werkstücknullpunkte. Beachten Sie dabei, dass die Programmierarbeit einfach durchgeführt werden kann.

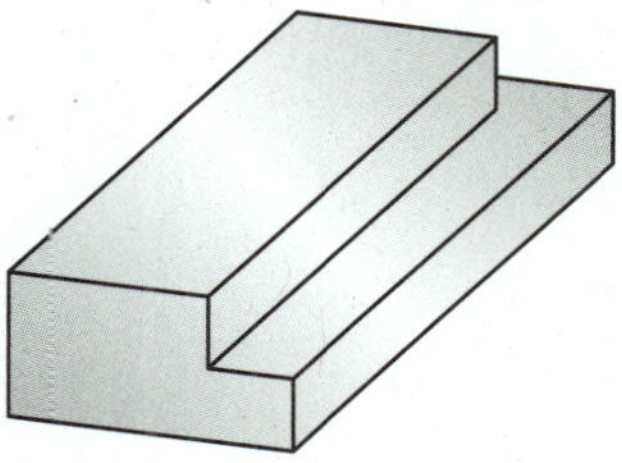

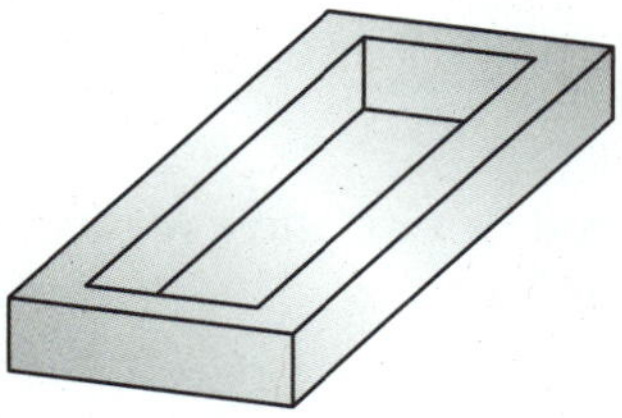

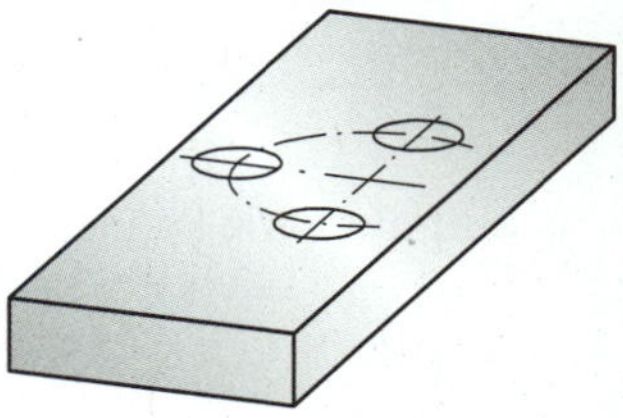

2. Referenzpunkt R

Der Referenzpunkt (Bezugspunkt) liegt im Ursprung des Wegmesssystems. Seine Lage ist konstruktiv vom Maschinenhersteller festgelegt und somit nicht veränderbar. Der Referenzpunkt liegt in der Regel im Randbereich des Maschinenarbeitsraums. Vor jedem Einrichten der Maschine sollte der Referenzpunkt angefahren werden. Nach der Festlegung des Werkstücknullpunkts notiert man sich die drei Koordinatenachsenwerte. Bei einem Stromausfall können diese Werte der Steuerung eingegeben und sofort wieder angefahren werden.

Symbol:

3. Programmnullpunkt P oder P0

Dieser Punkt stellt den Startpunkt des Werkzeugs dar. Er sollte so gewählt werden, dass genügend Platz für Werkzeug- und Werkstückwechsel vorhanden ist.

Symbol:

4. Maschinennullpunkt M

Der Maschinennullpunkt ist vom Hersteller festgelegt und stellt den Nullpunkt der Maschinenkoordinaten dar.

Symbol:

I. Steuerungsarten

Wir unterscheiden drei Steuerungsarten:
- Punktsteuerung,
- Streckensteuerung,
- Bahnsteuerung.

1. Punktsteuerung

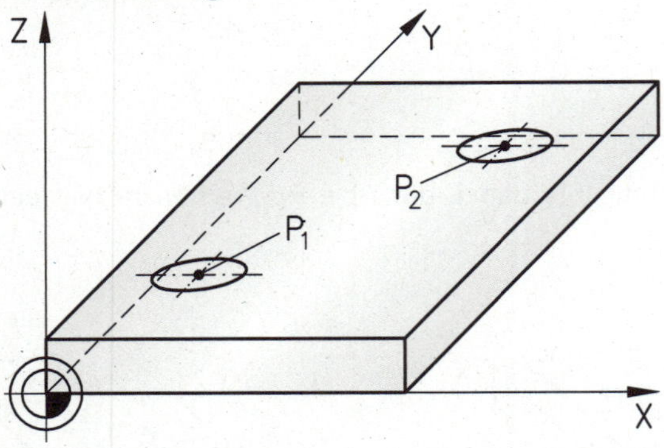

Bei der Punktsteuerung wird jeder Bearbeitungspunkt (z. B. P_1 und P_2) im Eilgang angefahren. Das Werkzeug (z. B. ______________________________ ______________________________) ist nicht im Eingriff.

Aufgabe: Wie können die Punkte P_1 und P_2 angefahren werden? Zeichnen Sie die Fahrwege farbig ein.

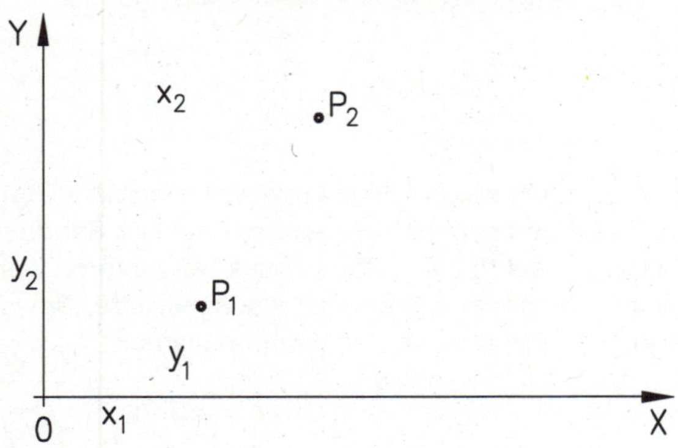

Lösung: ______________________________

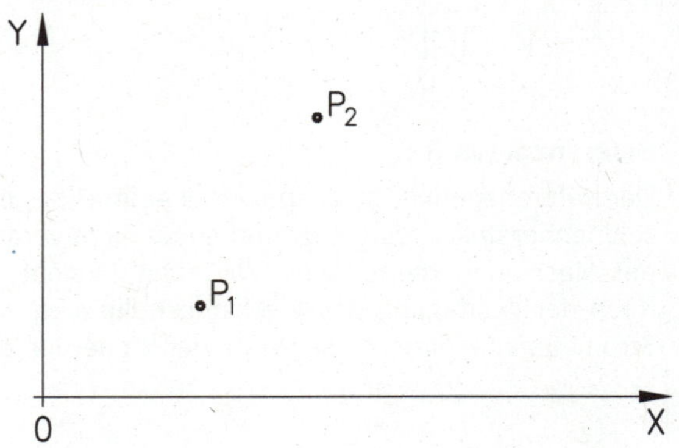

Lösung: ______________________________

2. Streckensteuerung

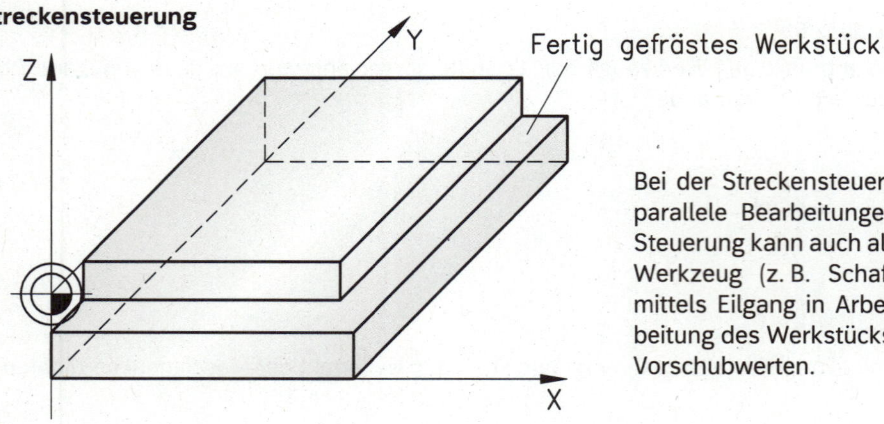

Bei der Streckensteuerung können nur gerade, achsparallele Bearbeitungen durchgeführt werden. Diese Steuerung kann auch als Punktsteuerung arbeiten. Das Werkzeug (z. B. Schaftfräser, Schneidbrenner) wird mittels Eilgang in Arbeitsposition gebracht. Die Bearbeitung des Werkstücks erfolgt mit einprogrammierten Vorschubwerten.

Aufgabe:
Zeichnen Sie den Weg des Schaftfräsers ein. Beachten Sie dabei den Mittelpunkt des Fräsers.

3. Bahnsteuerung

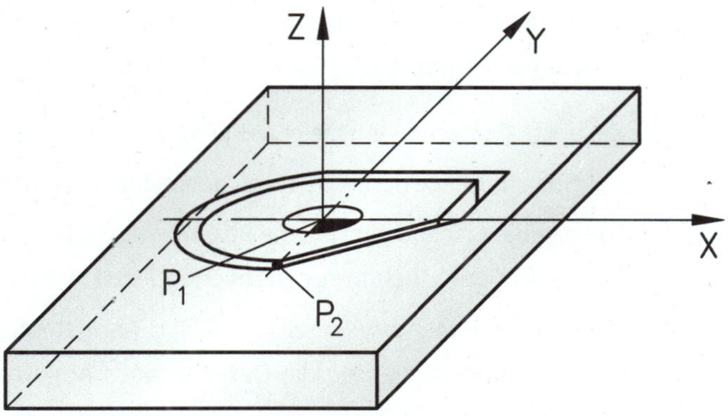

Bei der Bahnsteuerung kann das Werkzeug (z. B. Fräser, Plasmaschneidegerät) in beliebigen Bahnen fahren. Die Bahnsteuerung beinhaltet Punkt- und Streckensteuerung.

Aufgabe: Zeichnen Sie den Weg der Plasmaschneiddüse in das Koordinatensystem ein. Geben Sie bei jeder Änderung des Wegs Zwischenpunkte an.

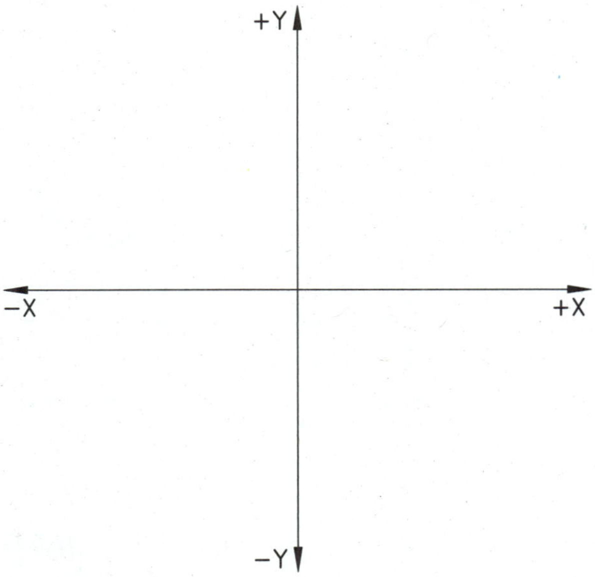

Startpunkt = P_1
Einstechpunkt = P_2
Zielpunkt = P_2
Bahnsteuerung im Uhrzeigersinn

J. Datenträger (Auswahl)

Auf Datenträgern werden Daten gespeichert. Man nennt sie deshalb auch ___. Beim Ausschalten des Computers oder bei Stromausfall gehen im Arbeitsspeicher (RAM) die Daten verloren. Man spricht in diesem Fall von einem ___ Speicher. Der ___ Speicher dagegen behält seinen Inhalt auch ohne Stromzufuhr.

1. Der wichtigste Speicher des Computers ist die ___, die auch als Harddisk bezeichnet wird. Sie hat eine hohe ___ von teilweise über 1000 GB. Sollte der Speicherplatz dennoch nicht ausreichen, kann eine ___ Festplatte angeschlossen werden, die in ein Gehäuse eingebaut ist und eine eigene Stromversorgung besitzt.
2. Da die Diskette eine geringe Speicherkapazität (bis 1,44 MB) besitzt und auch in magnetischen Feldern zerstört werden kann, wurde sie von der ___ (Compact Disc Read-Only Memory, kurz: ___) abgelöst. Die Speicherkapazität beträgt im Durchschnitt 700 MB. Im CD-ROM-Laufwerk werden die Daten optisch abgetastet und unterliegen daher keinem Verschleiß. Man unterscheidet CD-RW (beschreibbar) und CD-RS (nicht beschreibbar, nur lesbar). Eine noch größere Speicherkapazität als die CD besitzen die ___ (Digital Versatile Disc; Speicherkapazität bis zu 8,5 GB) und die Blu-ray Disc (kurz: BD; Speicherkapazität bis zu 50 GB).
3. Zum Transport von Daten wird heute oft der USB–Stick verwendet. Die Bezeichnung hat er deshalb erhalten, weil er an die USB-Schnittstelle des Computers angeschlossen wird.
   Vorteile: ___

4. In Digitalkameras werden ___ verwendet. Sie werden in vielerlei Ausführungen hergestellt (z. B. SD-Card, Smart Media, Compact Flash). Speicherkarten haben eine sehr hohe Speicherkapazität (bis 64 GB). Zum Arbeiten mit den gespeicherten Daten benötigt man ein Kartenlesegerät. Heute haben Computer häufig fest eingebaute Kartenleser.
   Vorteile: ___

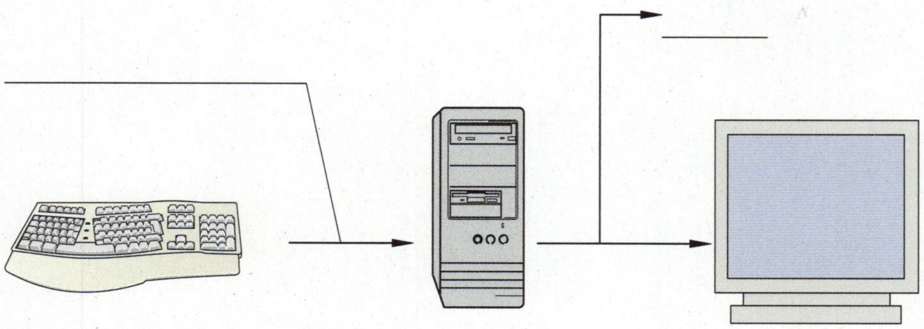

___ingabe ___erarbeitung ___usgabe

___-Prinzip

Bildnachweis: stock.adobe.com, Dublin (Coprid): 50.1-2 | Di Gaspare, Michele (Bild und Technik Agentur für technische Grafik und Visualisierung): 50.3

K. Programmaufbau zur Steuerung von CNC-Maschinen nach DIN

Am Anfang eines CNC-Programms steht das Zeichen für den Programmanfang = %. Durch die Programmnummer (z. B. % 83) kann jederzeit dieses Maschinenprogramm aus dem Speicher geholt und angewendet werden. Die Befehle des gesamten Arbeitsablaufs müssen in einer geeigneten Programmiersprache der Steuerung eingegeben werden.

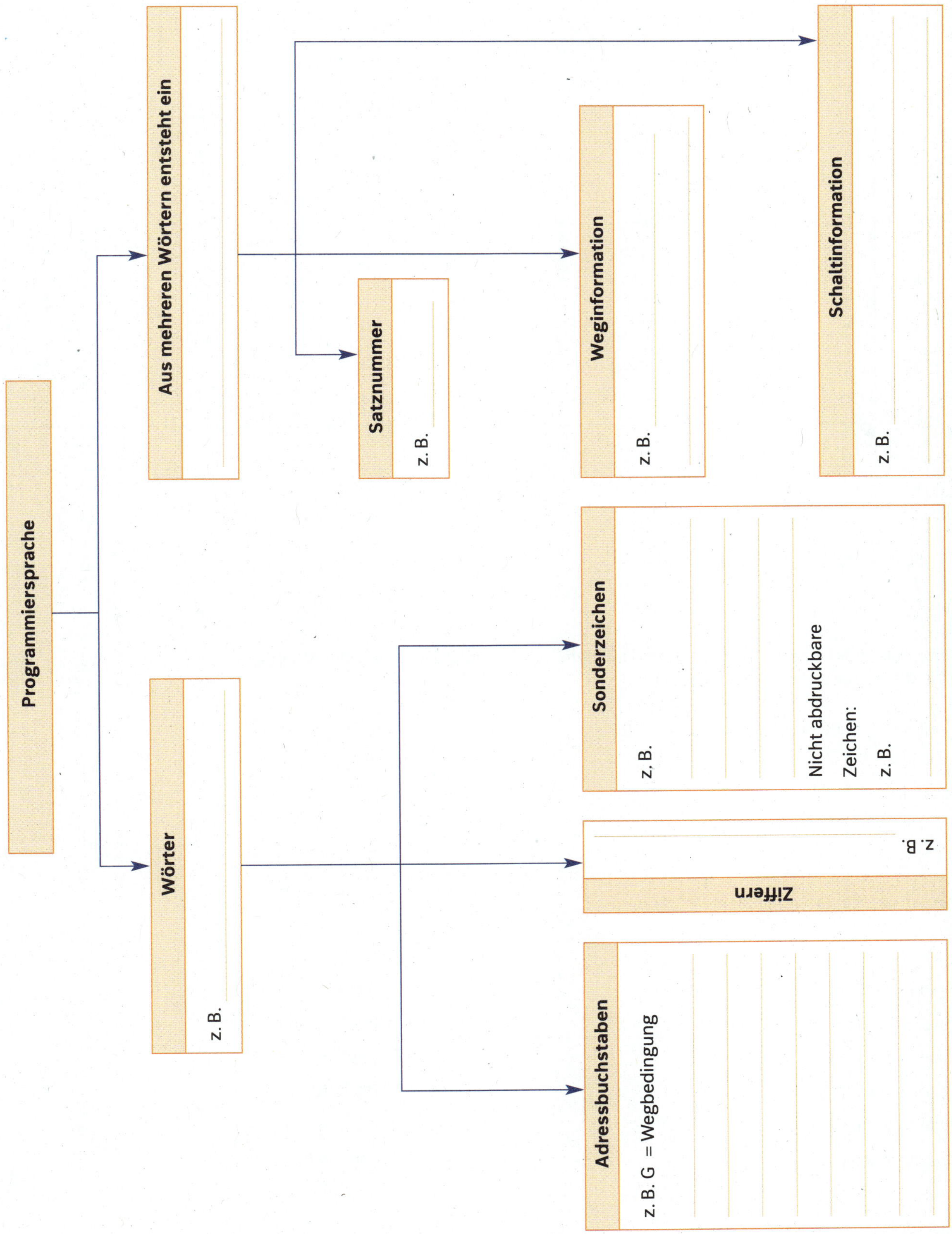

Merke: Aus vielen Sätzen ensteht ein ______________________. Diese Daten werden in die Steuerung eingegeben.

1. Aufgabe:

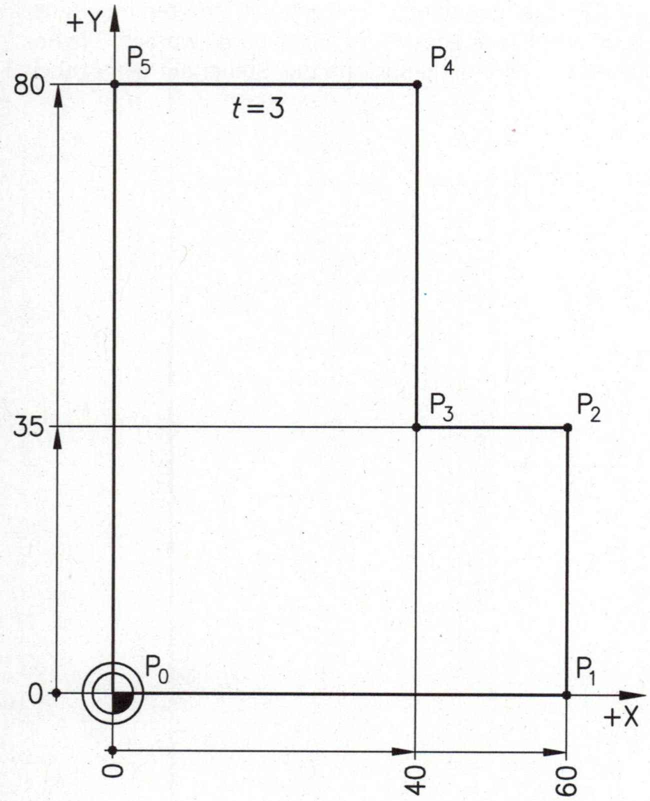

2. Aufgabe:

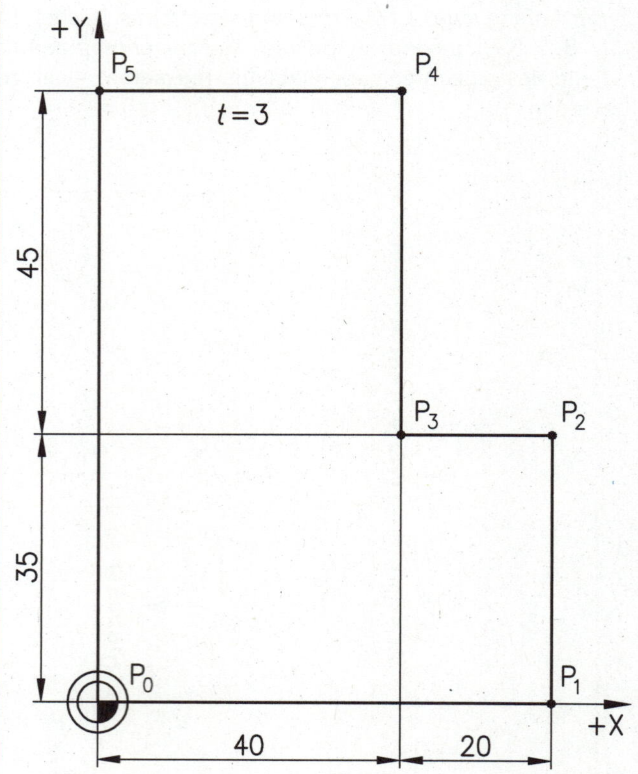

Welche Bemaßung wurde angewandt?

Der Ablauf des Bearbeitungswegs wird mit dem Großbuchstaben G gekennzeichnet, die Absolutbemaßung mit G90 und die Inkrementalbemaßung mit G91.

Auf welchen Punkt beziehen sich die Maße?

Ergänzen Sie das vereinfachte Programm.

1. Aufgabe		2. Aufgabe	
	G ___		G ___
von P_0 nach P_1:		von P_0 nach P_1:	
von P_1 nach P_2:		von P_1 nach P_2:	
von P_2 nach P_3:		von P_2 nach P_3:	
von P_3 nach P_4:		von P_3 nach P_4:	
von P_4 nach P_5:		von P_4 nach P_5:	
von P_5 nach P_0:		von P_5 nach P_0:	

Merke: Die Bemaßung einer technischen Zeichnung ist in der Regel eine Absolut- oder Bezugsbemaßung. Deshalb werden überwiegend CNC-Programme im Absolutmaß erstellt.

3. Aufgabe:
Mit einem Schaftfräser (⌀ 10) soll eine 4 mm tiefe Nut in das Bauteil gefräst werden.

Die Positionierung des Werkstücknullpunkts wurde durchgeführt und die Daten der Steuerung wurden eingegeben.

Die Spindeldrehzahl beträgt 800 1/min, die Vorschubgeschwindigkeit 100 mm/min.

Nach dem Nutfräsen soll der Schaftfräser 150 mm über der Werkstückoberfläche in Position X = 200 und Y= 250 stehen.

Schreiben Sie das CNC-Programm.

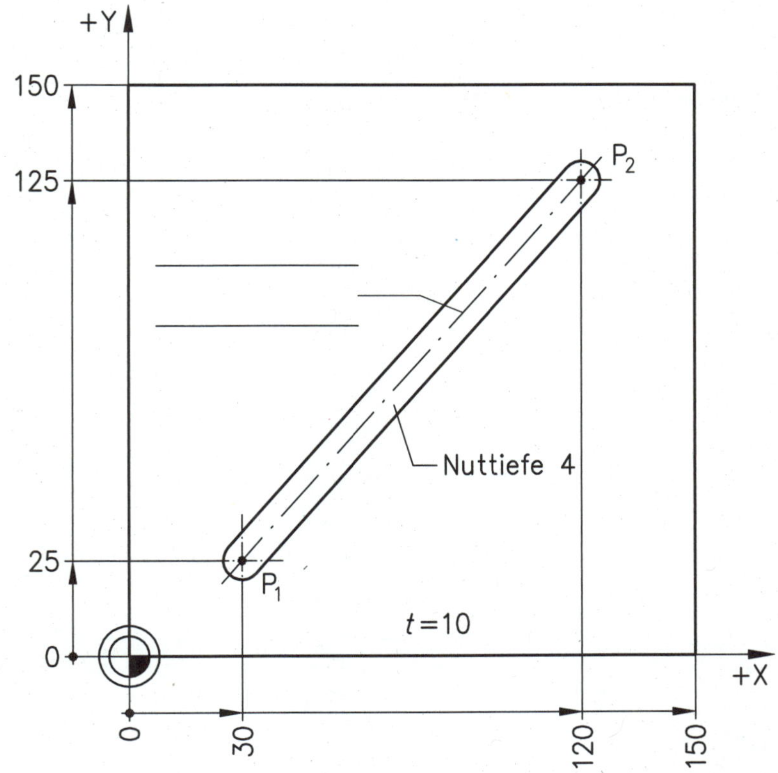

Die Skizze ist nicht maßstäblich.

% 83

Satz-Nr.	Eingabedaten	Erklärung
N10	G90	Absolute Maßangabe

Merke: Die Satznummern steigen meist in ____________ -Stufen.

Vorteil: ____________

4. Aufgabe: (Plasmaschneidmaschine):

Eine quadratische Stahlplatte soll durch einen Plasmastrahl ausgeschnitten werden. Die Plasmaschnittfuge ist 1,3 mm breit, die Vorschubgeschwindigkeit beträgt 1 000 mm/min.

Erstellen Sie das CNC-Programm.

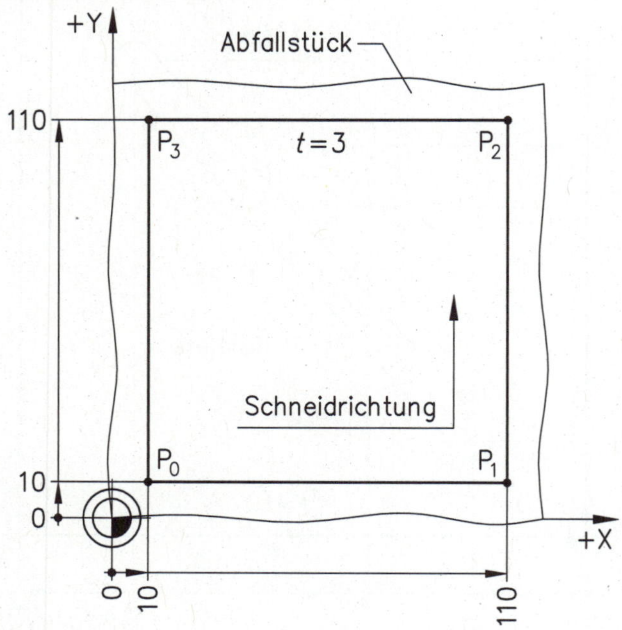

Merke:

1. Die Werkzeugkorrektur entnimmt die Spaltbreite 1,3 mm aus dem Werkzeugkorrekturspeicher und korrigiert den Schnitt um 1,3/2 = 0,65 mm.
   In welche Richtung (nach innen, nach außen) muss die Korrektur vorgenommen werden?
2. Die Z-Achse bleibt unberücksichtigt. Der Abstand Plasmabrenner – Werkstückoberfläche wird durch einen Abtastfühler aufgenommen und laufend korrigiert.

% **105**

Satz-Nr.	Eingabedaten	Erklärungen

Bildnachweis: Di Gaspare, Michele (Bild und Technik Agentur für technische Grafik und Visualisierung)

Metallbautechnik	Datum:	Herstellen von Blechbauteilen	Lernfeld 5
Name:	Klasse:	*Fertigung mit CNC-gesteuerten Maschinen*	11

5. Aufgabe:

In eine 5 mm dicke Stahlplatte sollen drei Bohrungen gebohrt werden. Verwenden Sie beim Bohren eine Bohremulsion.

1. Erstellen Sie eine CNC-gerechte Absolutbemaßung.
2. Die Position des Werkstücknullpunkts wurde der Steuerung eingegeben. Das Werkstück ist mit zwei Unterlegleisten festgespannt.
3. Wählen Sie für den HSS-NC-Bohrer (⌀ 8) eine geeignete Drehzahl aus.
   $n \approx$ ________ 1/min, $v_c =$ ________ m/min
4. Wählen Sie einen geeigneten Vorschub aus. $f =$ ________ mm
   Bei CNC-Programmen ist es üblich, den Vorschub nicht in mm, sondern als Vorschubgeschwindigkeit in mm/min anzugeben.
   Rechnen Sie um: $v_f = f \cdot n =$ ____________________

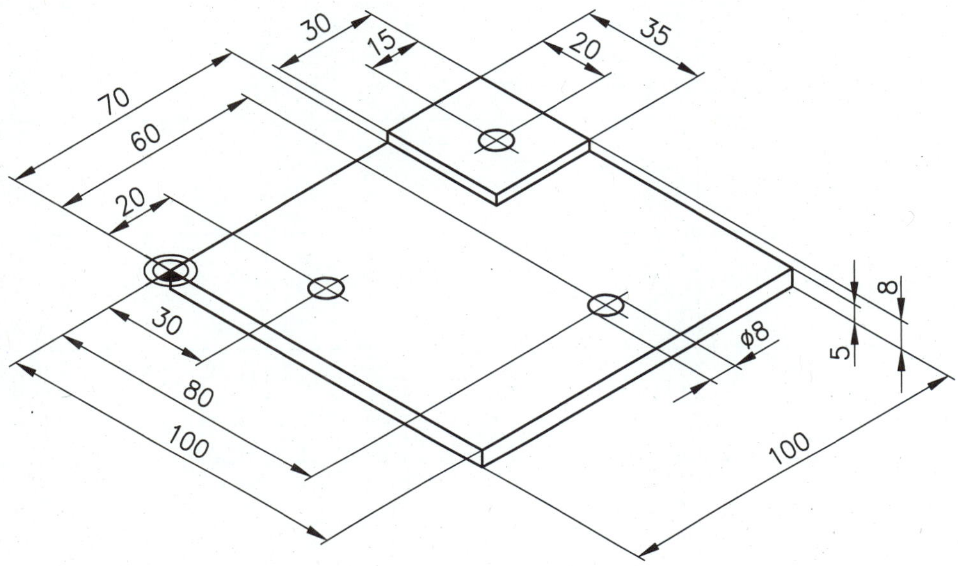

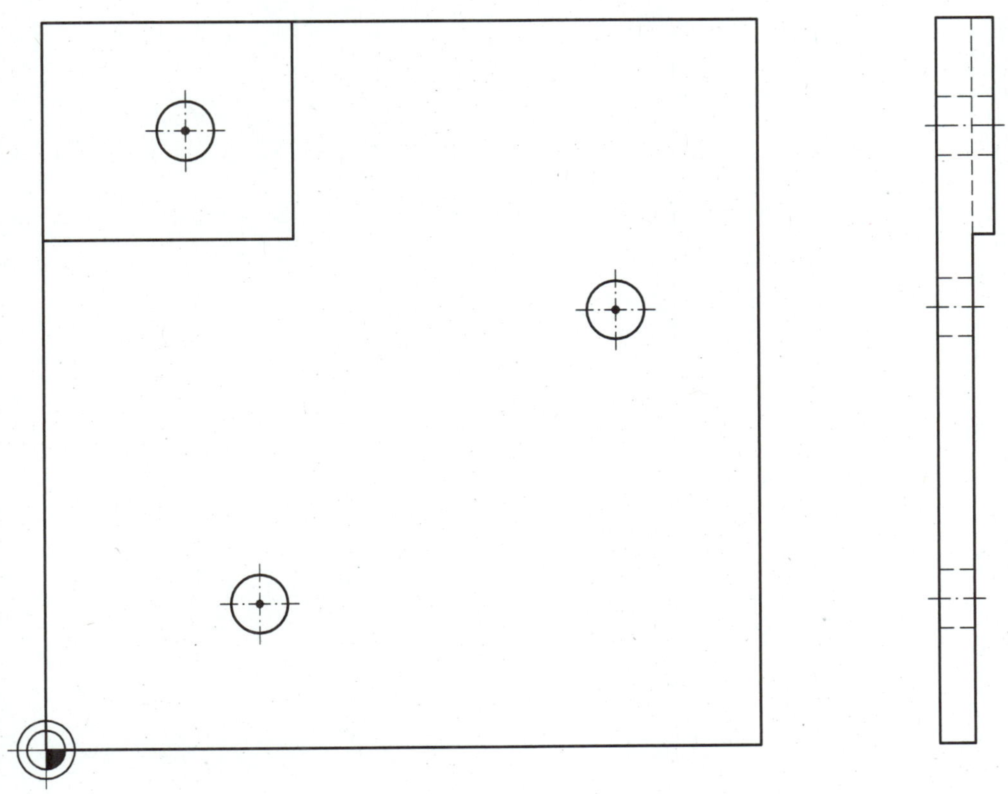

6. Aufgabe: Erstellen Sie das CNC-Programm mit der Programm-Nr. 92.

%

Satz-Nr.	Eingabedaten	Erklärungen

Kreisbewegungen

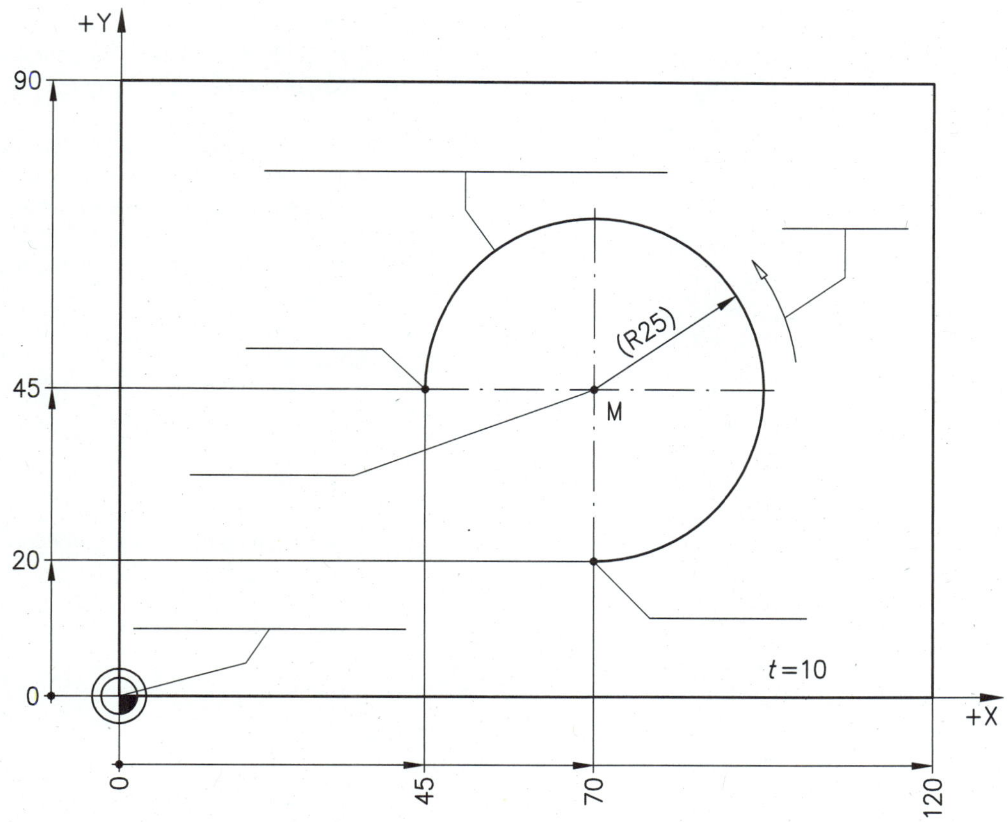

Zusätzliche Daten: ______________________

____

Für das Programmieren einer Kreisbewegung benötigen wir:

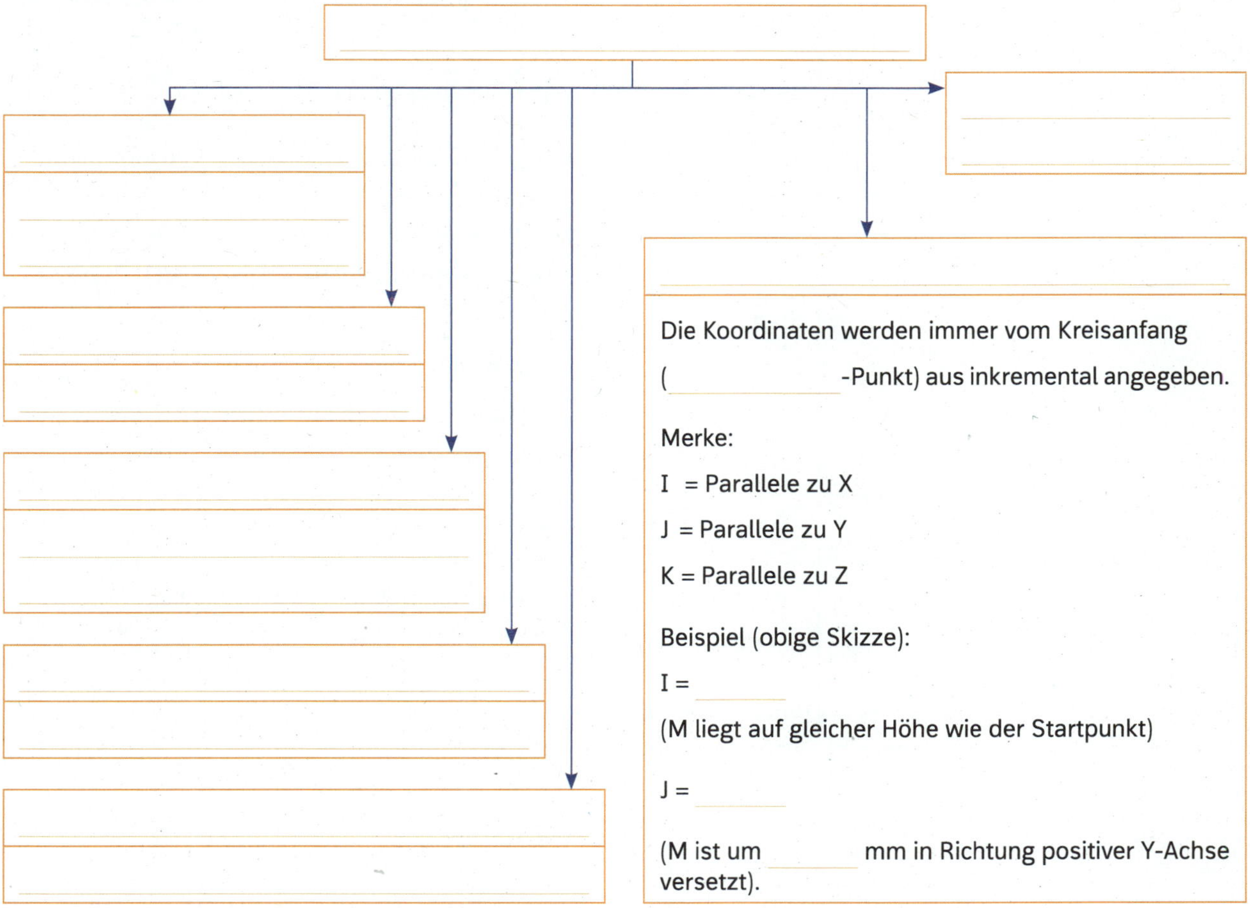

Die Koordinaten werden immer vom Kreisanfang

(______________-Punkt) aus inkremental angegeben.

Merke:

I = Parallele zu X

J = Parallele zu Y

K = Parallele zu Z

Beispiel (obige Skizze):

I = ________

(M liegt auf gleicher Höhe wie der Startpunkt)

J = ________

(M ist um ________ mm in Richtung positiver Y-Achse versetzt).

7. Aufgabe: Fräsen eines Kreisbogens

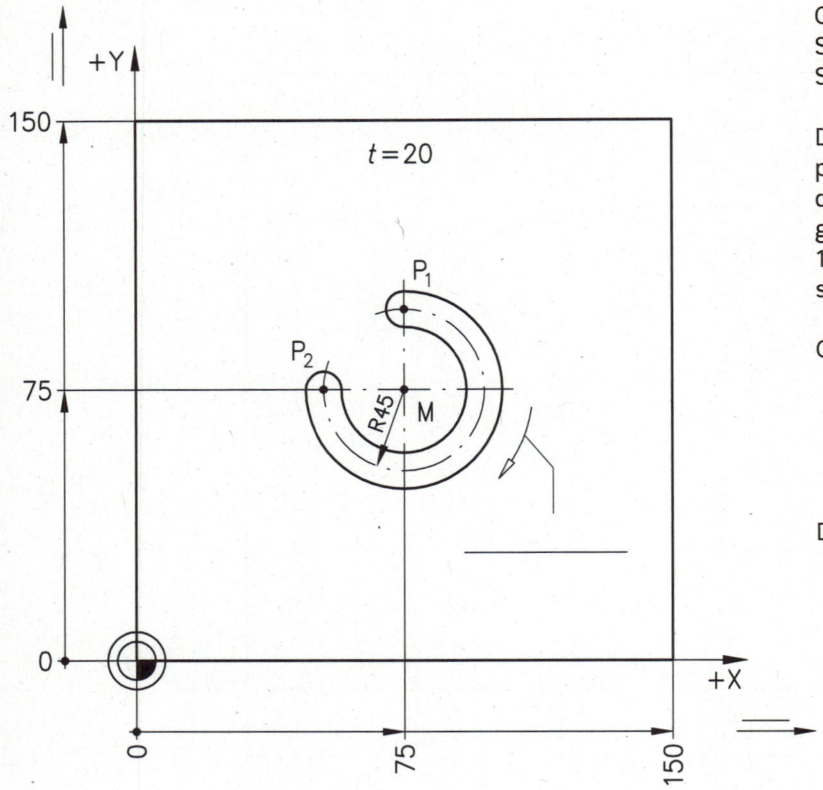

Geg.:
Schaftfräser ⌀ 10 mm, Nuttiefe 4 mm, Spindeldrehzahl 800 1/min

Die Positionierung des Werkstücknullpunkts wurde durchgeführt und die Daten der Steuerung eingegeben. Nach Beendigung der Fräsarbeit soll das Werkzeug 100 mm über dem Werkstücknullpunkt stehen.

Ges.: CNC-Programm

Die Skizze ist nicht maßstäblich.

% 50

Satz-Nr.	Eingabedaten	Erklärungen
		Absolute Maßangabe
		Eilgang zum Punkt P_1, 1 mm über der Werkstückoberfläche
		Spindeldrehzahl 800 1/min, Rechtsdrehung
		Zustellen auf 4 mm Frästiefe, Vorschubgeschwindigkeit 200 mm/min
		Kreisbogen im Uhrzeigersinn, absolute Maßangabe des Zielpunkts P_2 Inkrementale Maßangabe des Kreismittelpunkts M bezogen auf den Startpunkt P_1 I ______ = Mittelpunkt M liegt auf gleicher Höhe wie P_1 J ______ = Mittelpunkt M ist um ______ mm in negativer Y- (J-)Achse von P1 zurückversetzt
		Freifahren des Werkzeugs
		Im Eilgang auf Werkstücknullpunkt, 100 mm über Werkstückoberfläche
		Programmende

8. Aufgabe: Fräsen des Buchstabens „C“

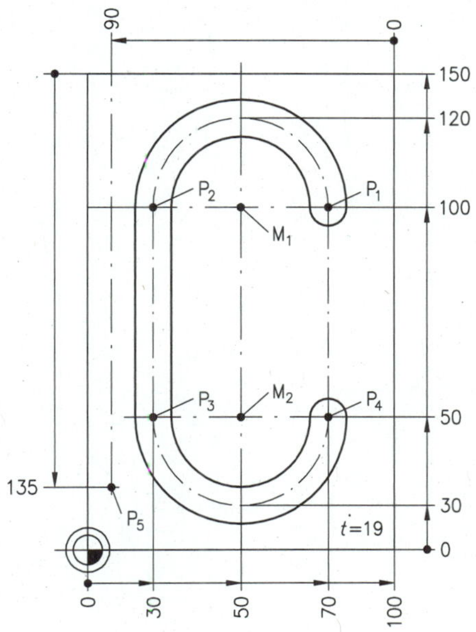

Geg.:
Schaftfräser ⌀ 10 mm,
Nuttiefe 5 mm

Ges.:
Erklärungen zum CNC-Programm

Die Skizze ist nicht maßstäblich.

% 65

Satz-Nr.	Eingabedaten	Erklärungen
N10	G90	
N20	G00 X70 Y100 Z2 S+850	
N30	G01 F180 Z-5	
N40	G03 F150 X30 Y100 I-20 J0	
N50	G01 X30 Y50	
N60	G03 X70 Y50 I20 J0 F150	
N70	G00 Z80	
N80	G00 X10 Y15 Z100	
N90	M30 (M02)	

L. Steuerungen bei CNC-Maschinen nach PAL

Die Herstellungsbetriebe von CNC-Steuerungen ersetzen manchmal die DIN-Normen durch eigene Bezeichnungen. Eine übergeordnete Programmiersprache ist die sog. PAL-Programmierung (**P**rüfungs**a**ufgaben- und **L**ehrmittelentwicklungsstelle):
Bei Bearbeitungszyklen gibt es gegenüber der DIN-Normung erhebliche Unterschiede.
Diese finden Sie im Tabellenbuch.
Eine PAL-Programmierung muss zur jeweiligen Maschinensteuerung passend übersetzt werden.

A. Vorteile der Randversteifungen an Blechen

-
-
-
-

B. Umschläge

Ordnen Sie die Stichwörter den Skizzen zu:
Hohlumschlag, Doppelumschlag, Rollumschlag, Einfachumschlag.

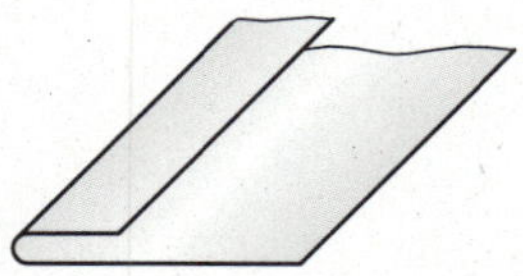	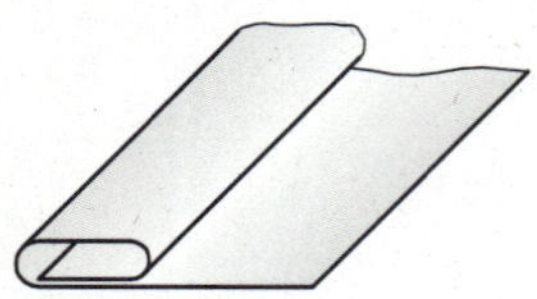	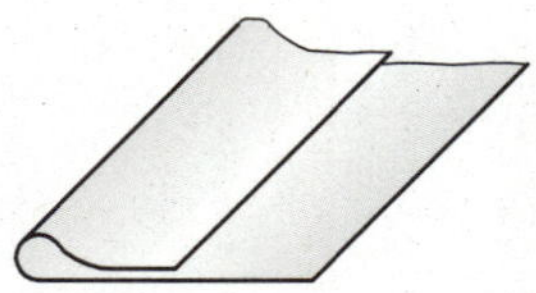	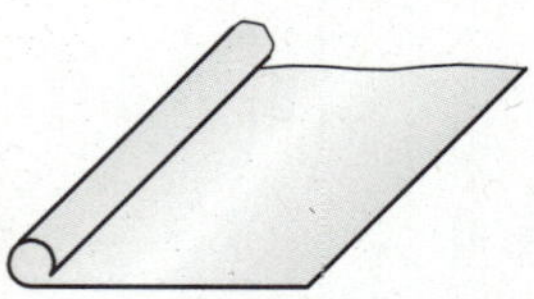

C. Drahteinlagen

Beim Drahteinlegen wird der Rand des Blechteils um einen Draht gerollt.

Ordnen Sie die Stichwörter den nebenstehenden Skizzen zu:

Durchgesetzte Drahteinlage, einfache Drahteinlage.

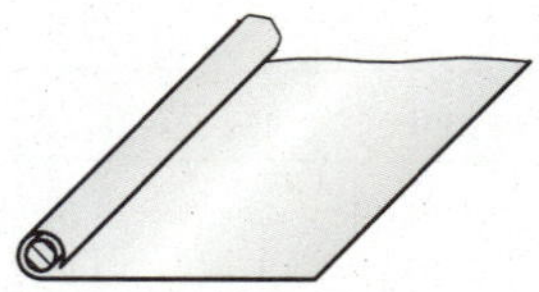	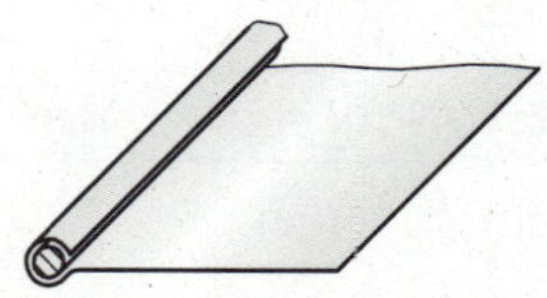

D. Wulste

Wulste sind hohle Randversteifungen an geraden Blechkanten.

Ordnen Sie die Stichwörter den Skizzen zu:
Ziehwulst, ganzer Wulst, Dreikantwulstmaschine, $^1/_2$-Wulst, Dreikantwulst, $^3/_4$-Wulst, Wulstmaschine, Wulstzieheisen.

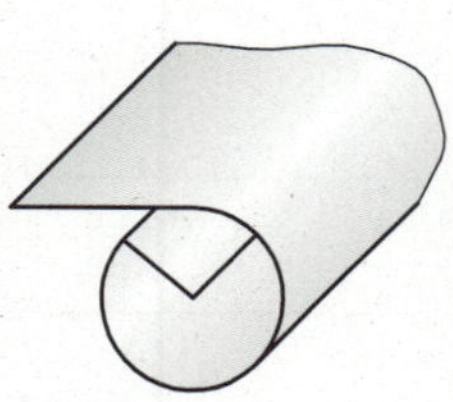	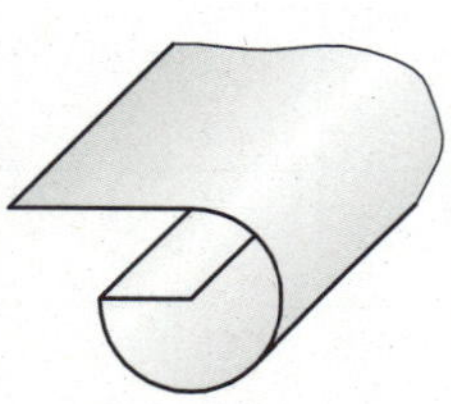	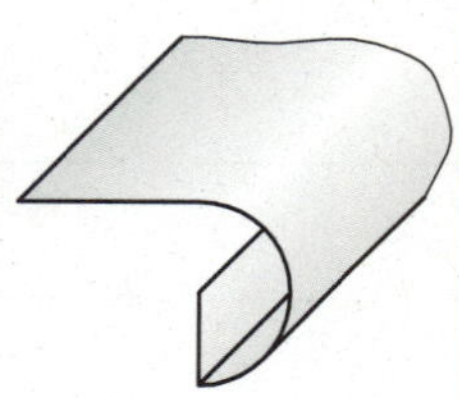	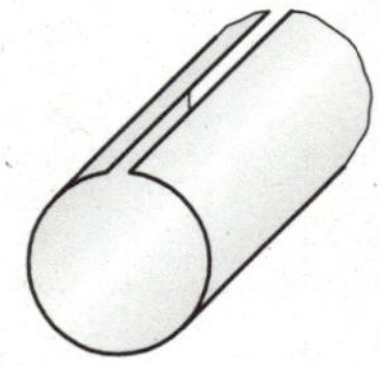	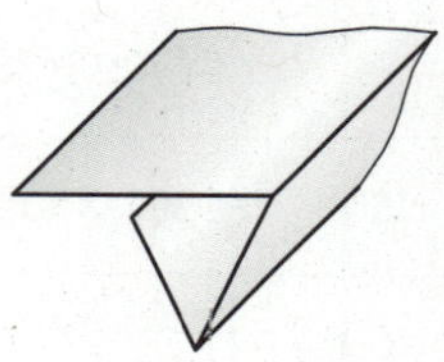

Wulstmaschine

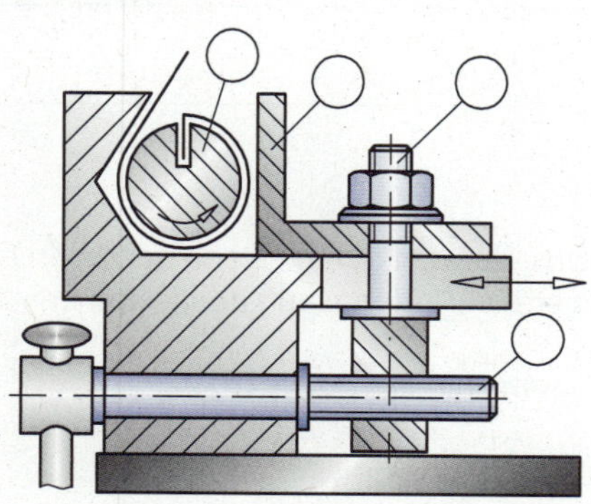

Tragen Sie die entsprechenden Ziffern ein.

① Einstellschraube

② Verstellbare Winkelschiene

③ Spannschraube

④ Drehbarer Wulststab

Metallbautechnik	Datum:	**Herstellen von Blechbauteilen**	Lernfeld 5
Name:	Klasse:	*Blechversteifungen (Randversteifungen)*	12

E. Sicken

Sicken sind rillenförmige Vertiefungen im Blech.

1. Verwendung

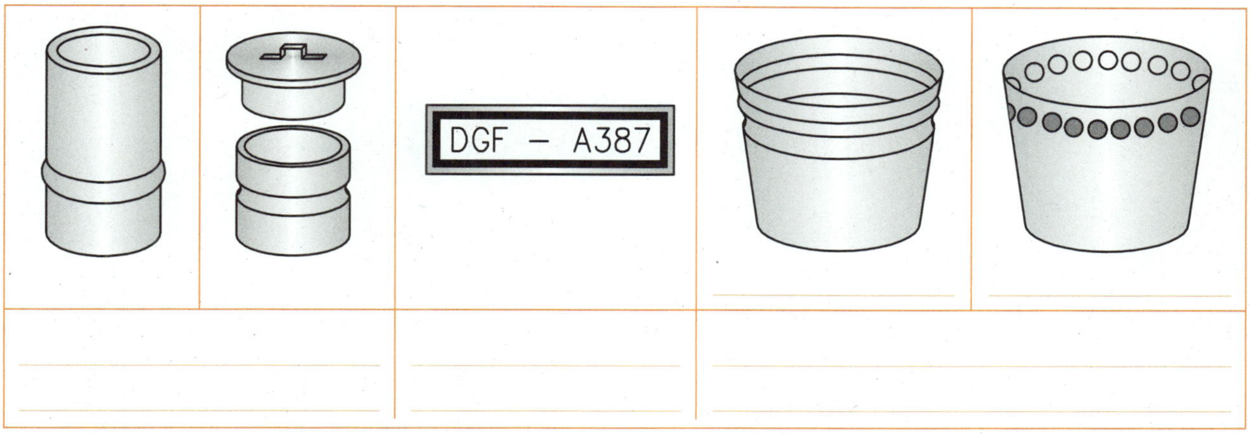

2. Handwerkzeuge

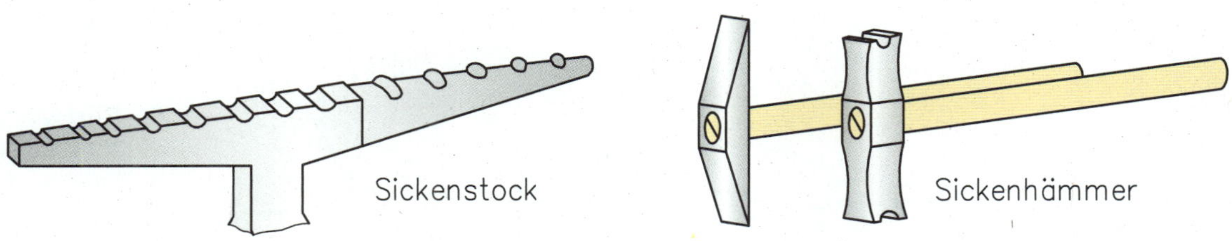

3. Sickenmaschine

Das maschinelle Sicken wird mit unterschiedlich breiten, paarweise austauschbaren Walzen an der Sickenmaschine ausgeführt.

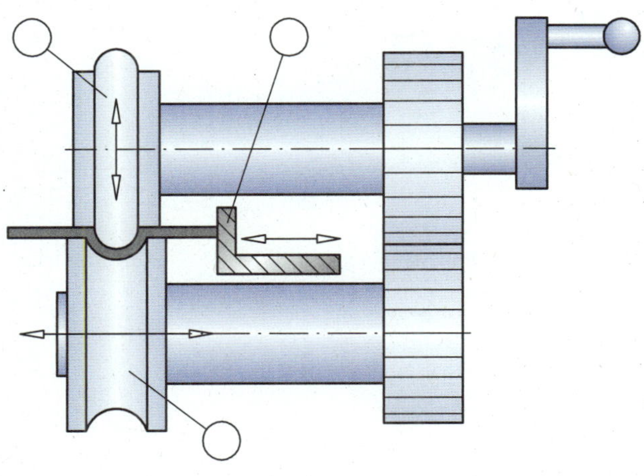

Tragen Sie die entsprechenden Ziffern ein.

① Verstellbare obere Sickenwalze

② Verstellbare untere Sickenwalze

③ Verstellbarer Anschlag

Dünnbleche bis zu 1 mm Dicke werden durch Falzen verbunden.

A. Vorteile des Falzens

–

–

–

–

–

–

B. Falzarten

Ordnen Sie die Stichwörter den Skizzen zu:
Mantelfalz, Schwedenfalz, Stehfalz, Schnappfalz, Rohrfalz, Liegefalz, Winkelfalznaht, Bodenfalz nach innen, Bodenfalz nach außen.

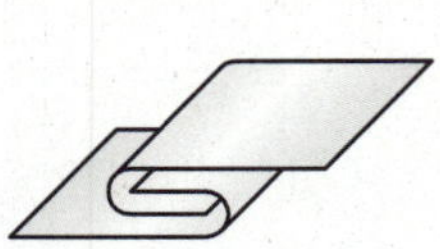 Einfacher Falz	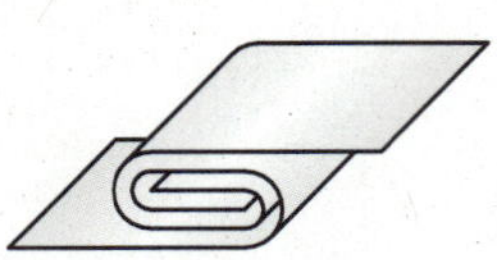 Doppelter Falz	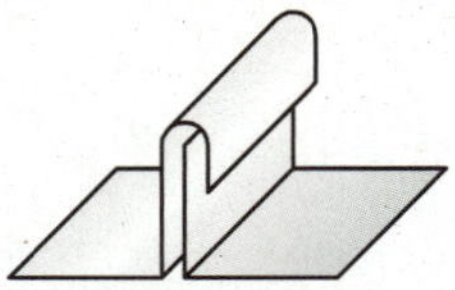 Einfacher Falz	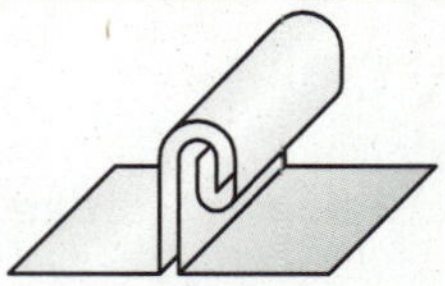 Doppelter Falz
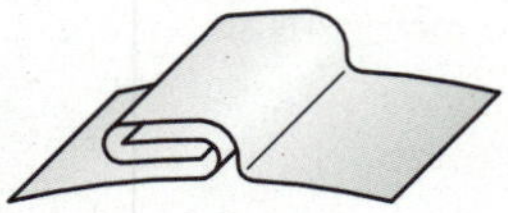 außen durchgesetzt	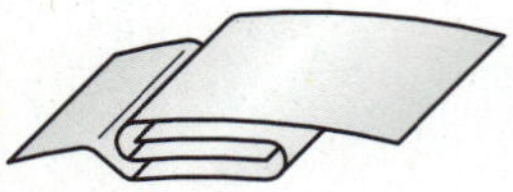 innen durchgesetzt	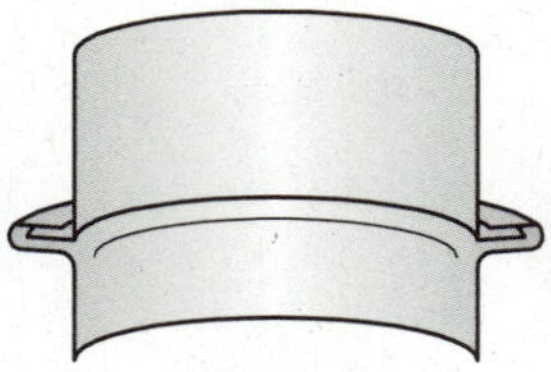 Einfacher Falz	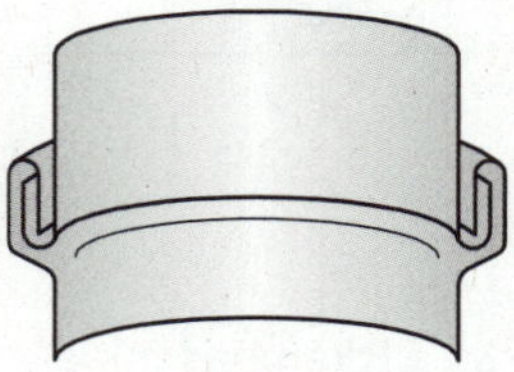 Doppelter Falz
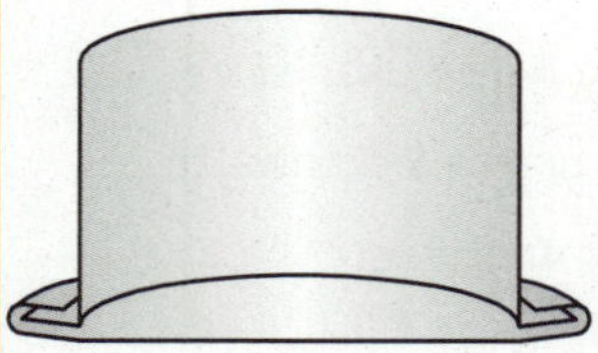 Einfacher Falz	 Doppelter Falz	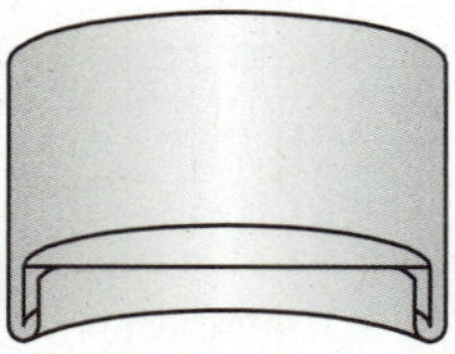 Einfacher Falz	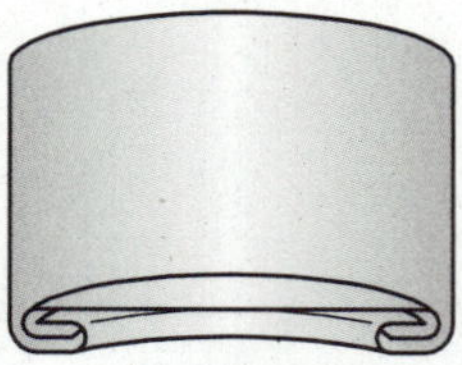 Doppelter Falz

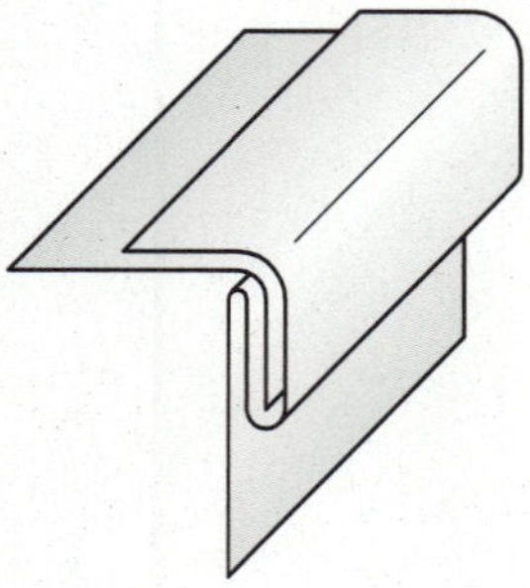 Amerikanische	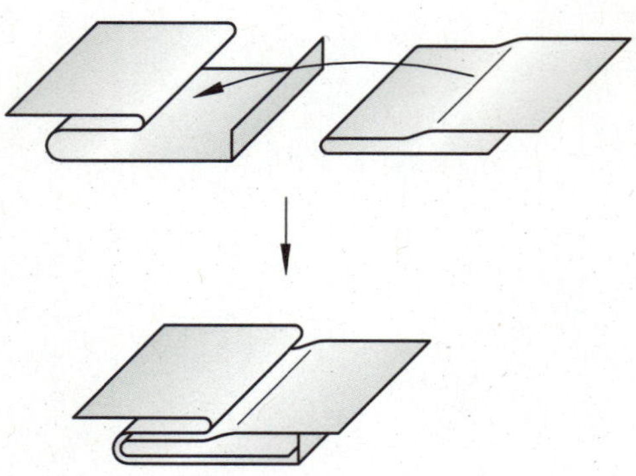	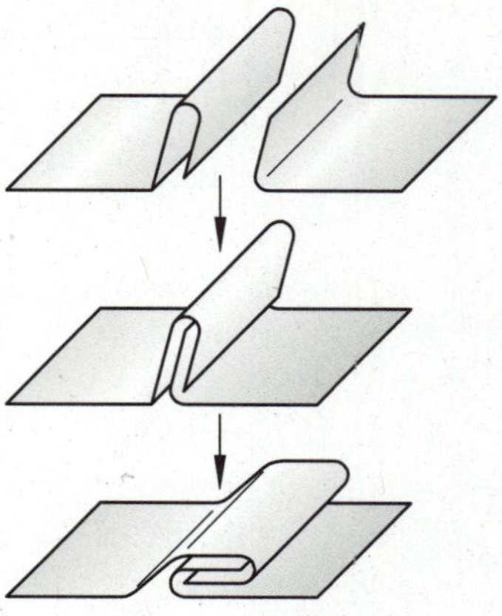

Bildnachweis: Di Gaspare, Michele (Bild und Technik Agentur für technische Grafik und Visualisierung)

C. Handwerkliches Herstellen eines durchgesetzten Liegefalzes

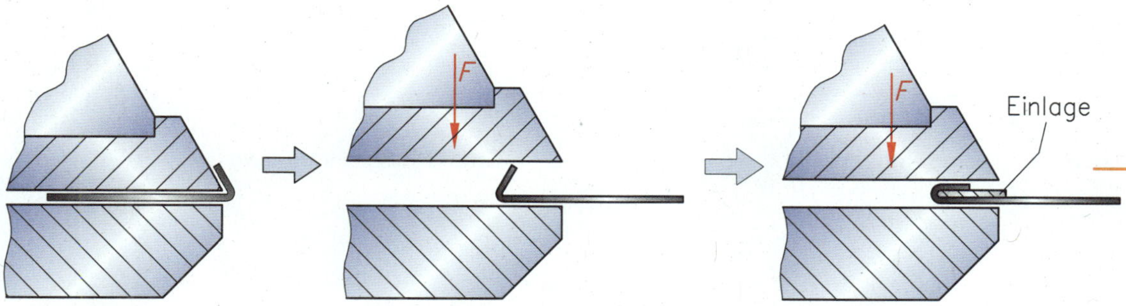

oder

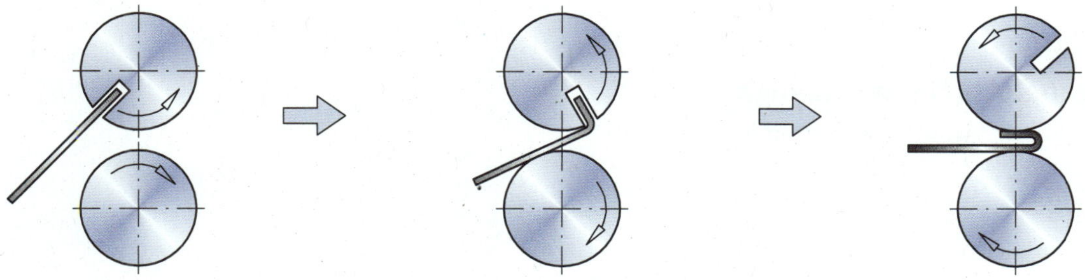

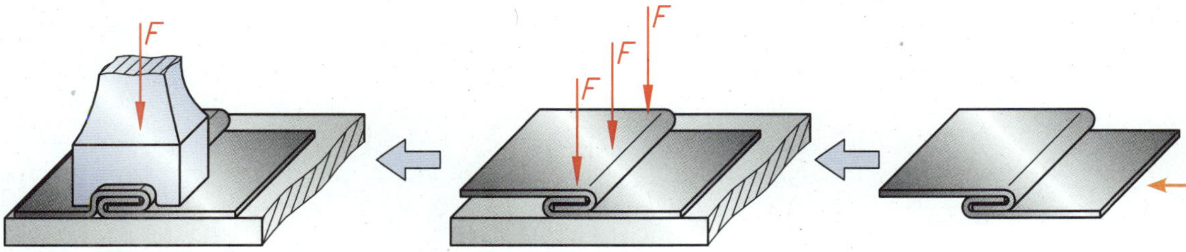

Wie können die Bleche einer Falzverbindung gegen das Lösen (Herausziehen) gesichert werden?

Durch Nieten werden unlösbare Verbindungen hergestellt. Es lassen sich gleiche und verschiedene Werkstoffe miteinander fügen.

A. Nietverbindungsarten

Nietverbindung

Lose Nietverbindung	**Feste Nietverbindungen**	
	Fest-Nietung	Dicht-Nietung
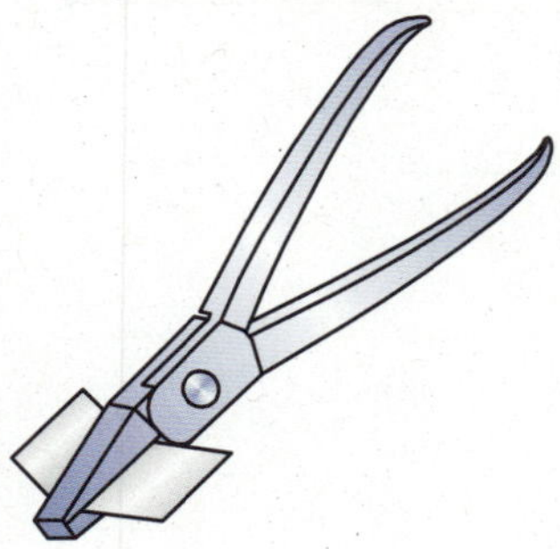	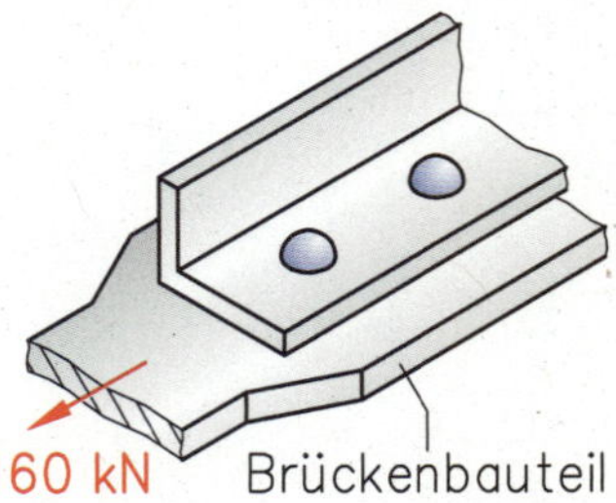	
Teile sind beweglich	Teile sind nicht beweglich	

B. Nietvorgang und Nietwerkzeuge

Benennen Sie die skizzierten Arbeitsstufen.

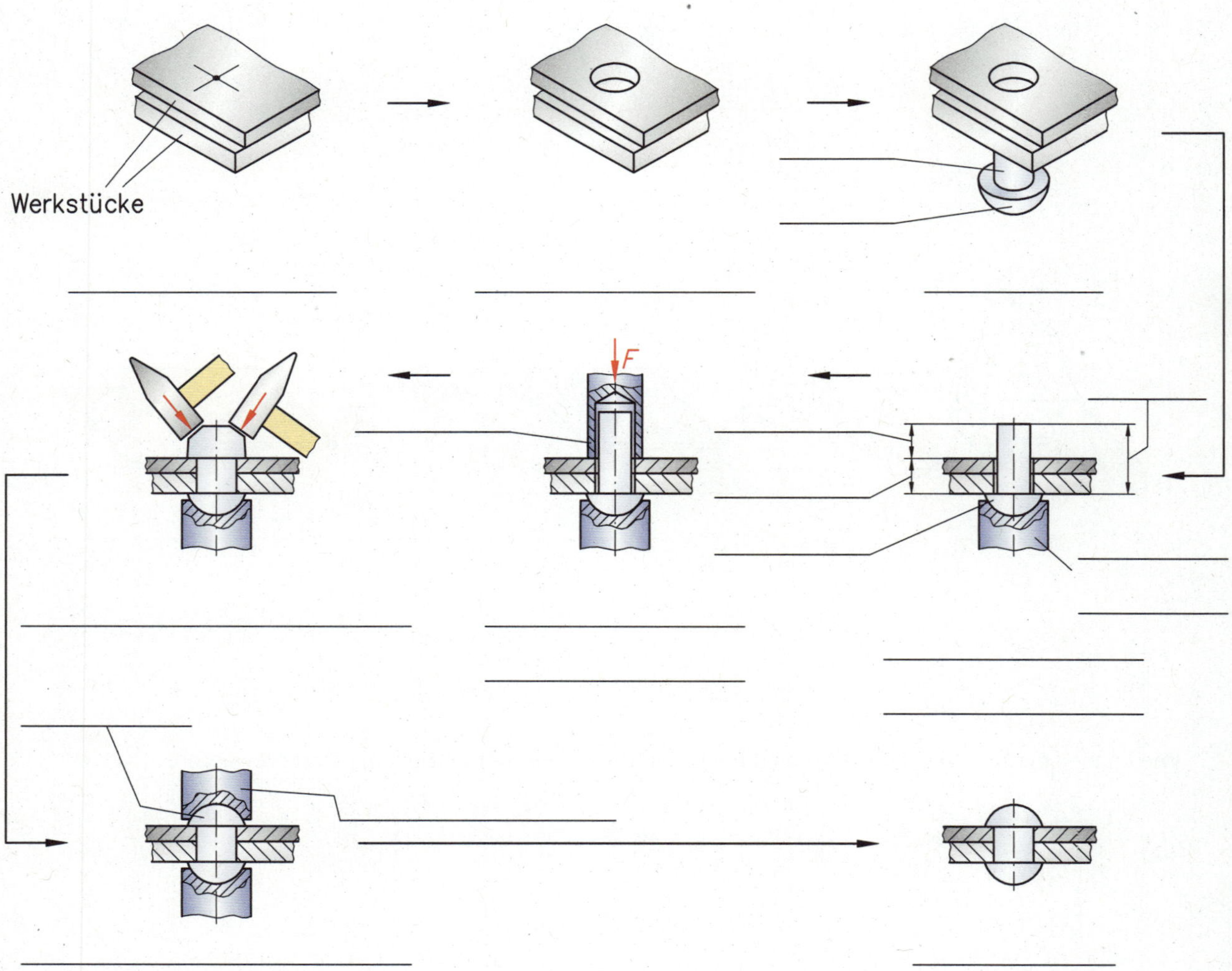

C. Nietzugabe und Nietschaftlänge bei Halbrund- und Senknieten

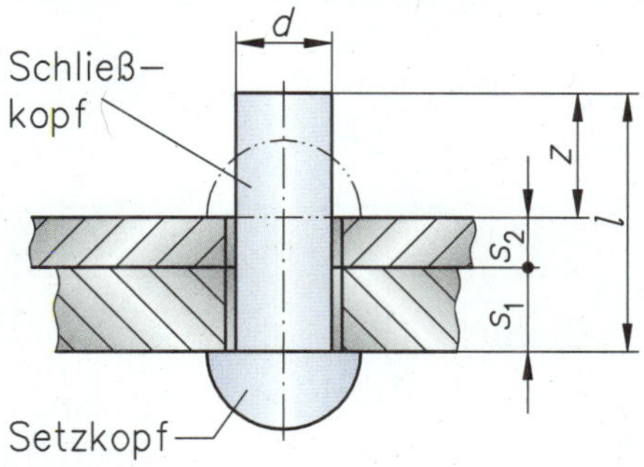

d = Nietdurchmesser
$s_1, s_2...$ = Klemmlängen
z = Zugabe
l = Nietschaftlänge

$l =$ ______________________

Nietzugabe

	Halbrundkopf	Senkkopf
Kaltnieten Nietzugabe z (mm)	$z = 0{,}1 \cdot (s_1 + s_2 + ...) + 1{,}3 \cdot d$	$z = 0{,}1 \cdot (s_1 + s_2 + ...) + 0{,}5 \cdot d$
Warmnieten Nietzugabe z (mm)	$z = 0{,}1 \cdot (s_1 + s_2 + ...) + 1{,}5 \cdot d$	$z = 0{,}1 \cdot (s_1 + s_2 + ...) + 0{,}7 \cdot d$

Aufgabe: Berechnen Sie Zugabe und Länge (in mm) eines warmgenieteten Halbrundkopfs. Der Niet hat 12 mm Durchmesser, die beiden Bleche sind 16 und 25 mm dick.

Geg.:
Geg.:

D. Nietfehler (Auswahl)

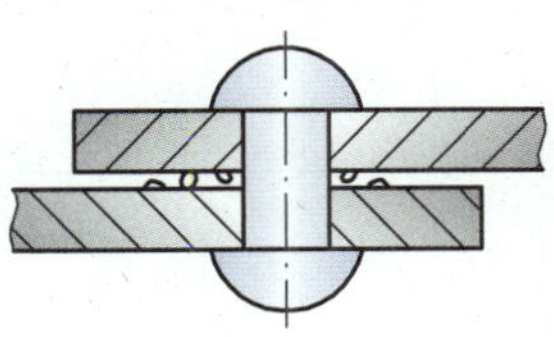	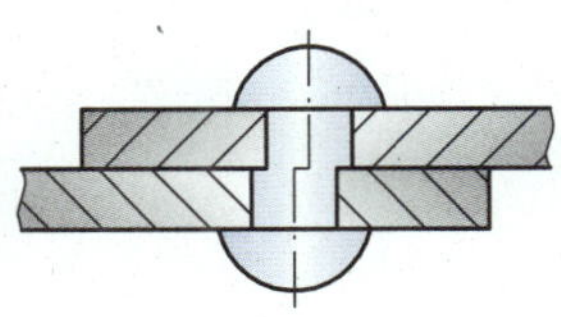	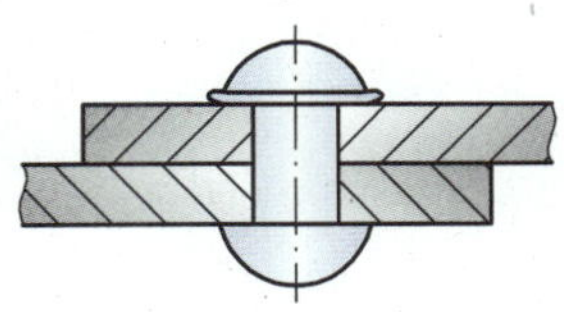	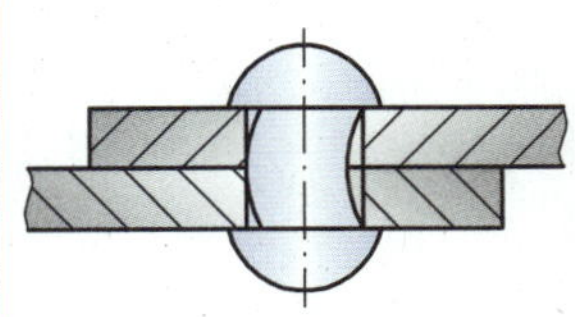

E. Nietwerkstoffe

Werkstoffeigenschaften:

Werkstoffe:

Sie haben die Kontaktkorrosion bereits kennengelernt. Worauf müssen Sie dann beim Nieten achten?

Bildnachweis: Di Gaspare, Michele (Bild und Technik Agentur für technische Grafik und Visualisierung)

F. Nietverfahren und Beanspruchung der Nietverbindung

__________-Nieten (20 °C)

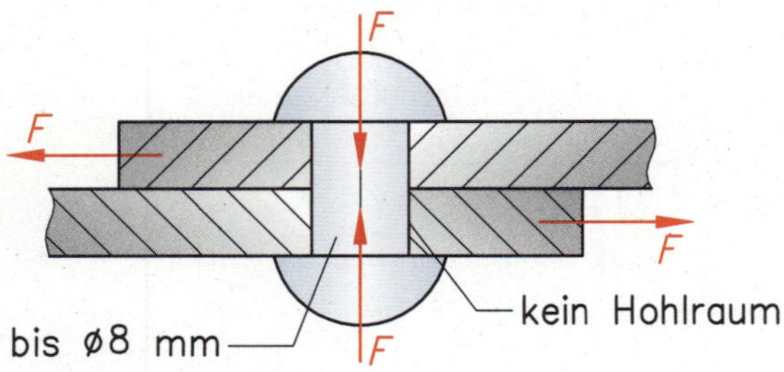

__________-Nieten (1 000 °C)

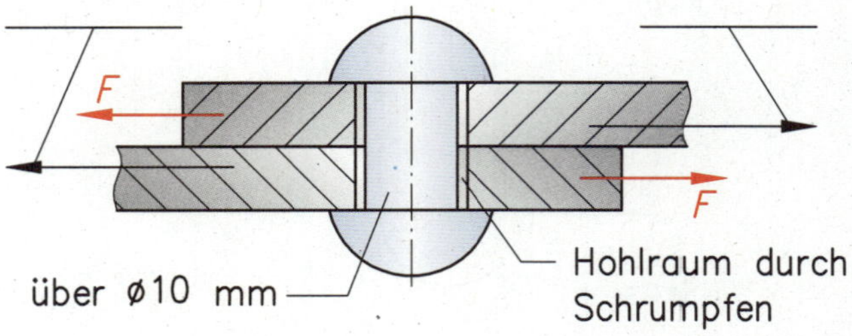

G. Nietformen

Benennen Sie die skizzierten Nieten:

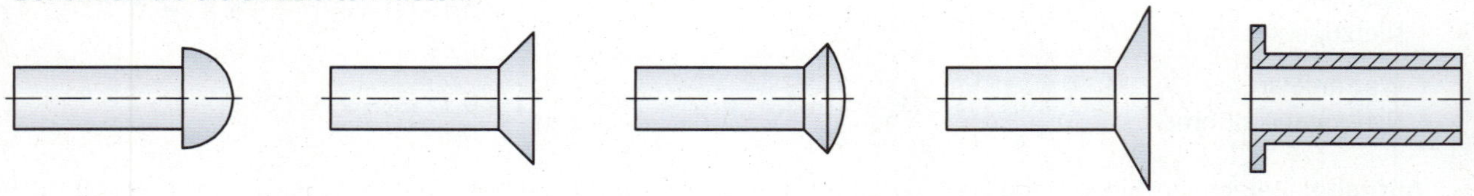

__________ – Niet | __________ – Niet | __________ – Niet | __________ – Niet | __________ – Niet

1. Blindnietung

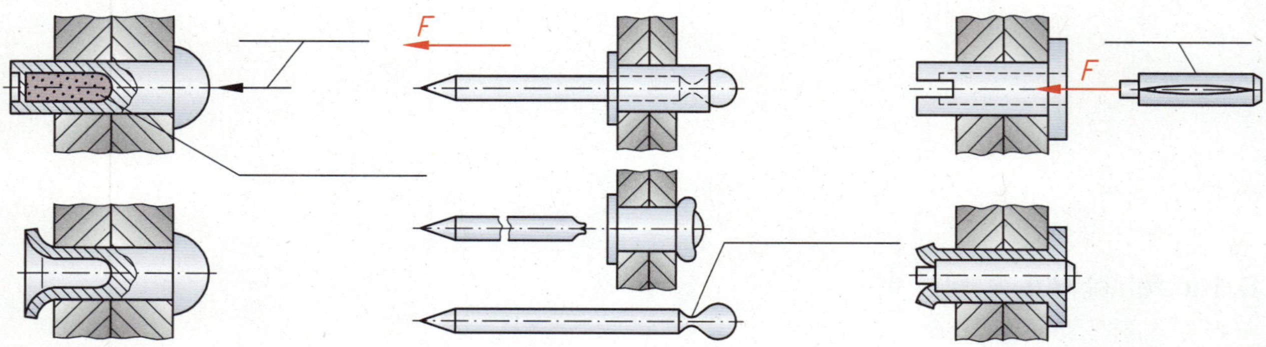

__________ – Niet | __________ – Niet | __________ – Niet

Anwendung: ______________________________

2. Hohlnietung

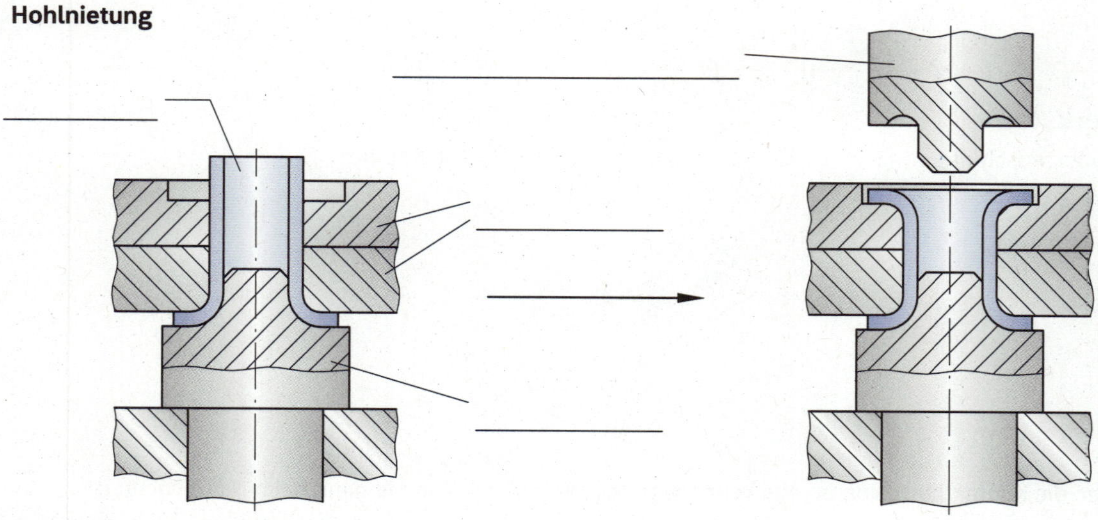

Für Nietverbindungen mit geringer Festigkeit.

3. Schließring-Bolzennietung

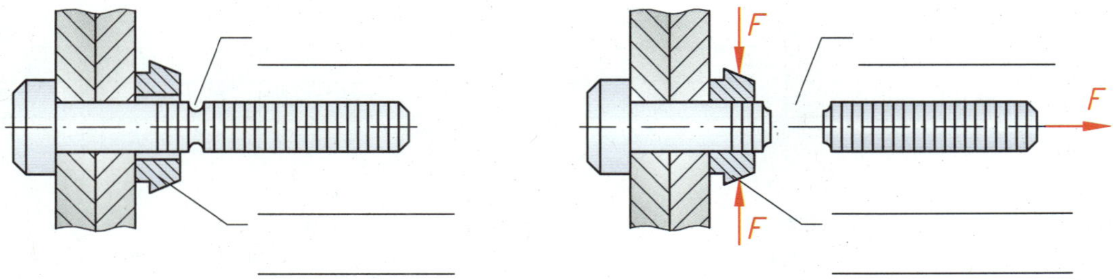

Das Schließen des Rings und das Brechen des Bolzens wird mit einem Spezialwerkzeug durchgeführt. Schließring-Bolzennietungen können sehr große Kräfte übertragen.

Bei Hohl- und Schließring-Bolzennietungen müssen die Bauteile von zwei Seiten zugänglich sein.

H. Nietverbindungen im Leichtmetallbau

Beim Schweißen von kaltverfestigten Al-Profilen vermindert sich die Werkstofffestigkeit. Deshalb sind die Nietverbindungen im Leichtmetallbau haltbarer als Schweißverbindungen.

Gebräuchliche Nietverfahren mit Aluminiumnieten

1. Vollnieten

Aluminiumvollnietverbindungen werden kalt hergestellt. Der Nietschaft muss die entgratete Bohrung vor der Vernietung vollständig ausfüllen. Dies bewirkt eine größere Festigkeit der Nietverbindung.

2. Aluminiumblindnieten

Sie werden dann eingesetzt, wenn die Bauteile nur von einer Seite zugänglich sind.

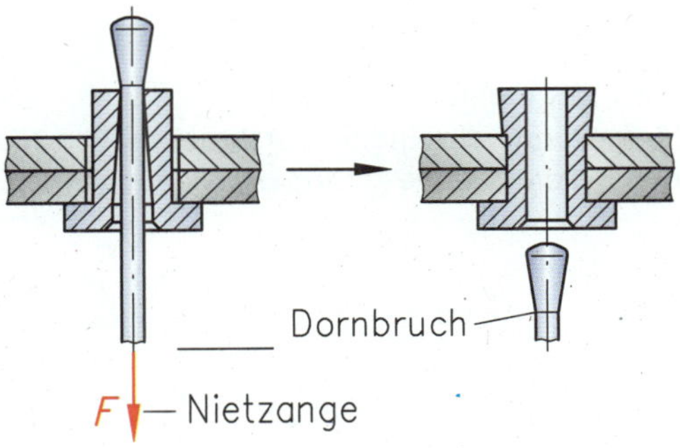

Durchzug-Vernietung

Nietung ist offen: ____________________

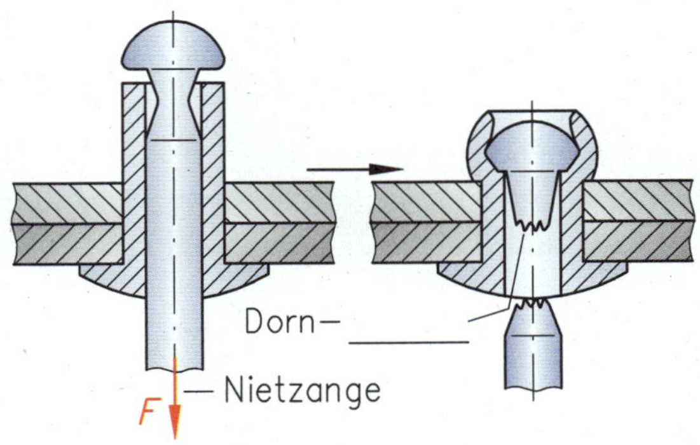

Dorn-Vernietung

Nietung ist geschlossen: ____________________

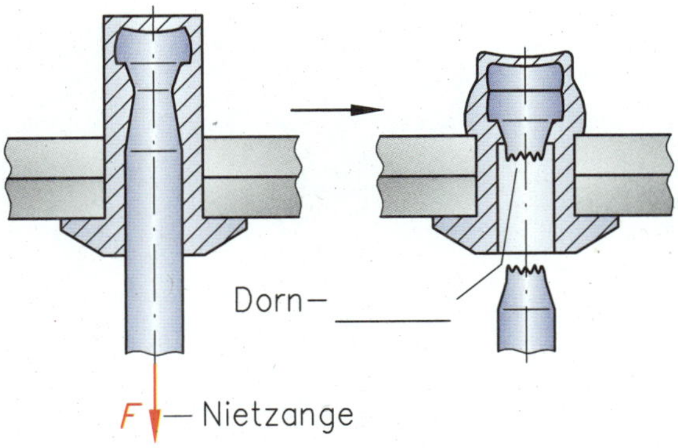

IMEX-Vernietung

Nietung ist geschlossen: ____________________

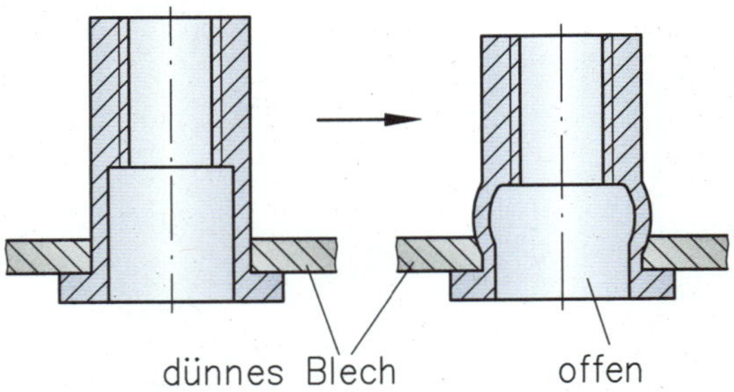

Blind-Einniet-Mutter

I. Ausführungsarten

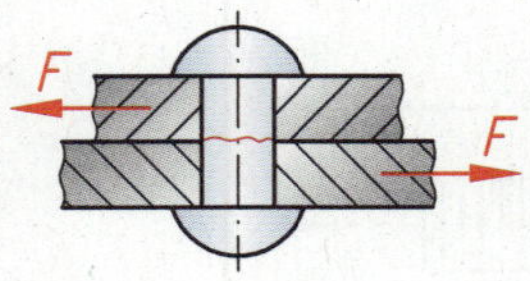

Einschnittige
Überlappungsnietung

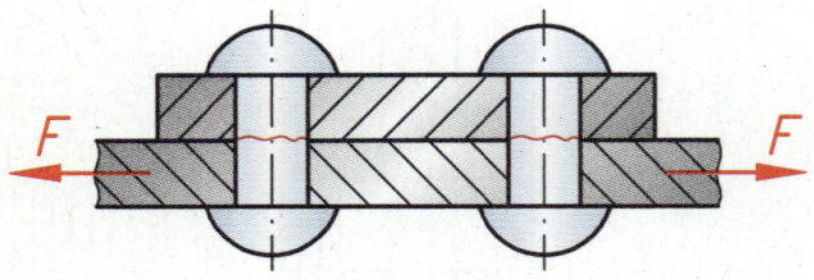

Einschnittige
einfache Laschennietung

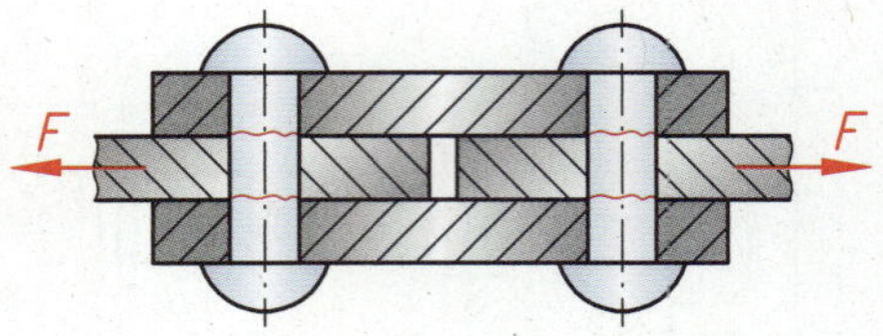

Zweischnittige
doppelte Laschennietung

J. Vorteile beim Nieten

K. Nachteile beim Nieten

L. Aufgabe

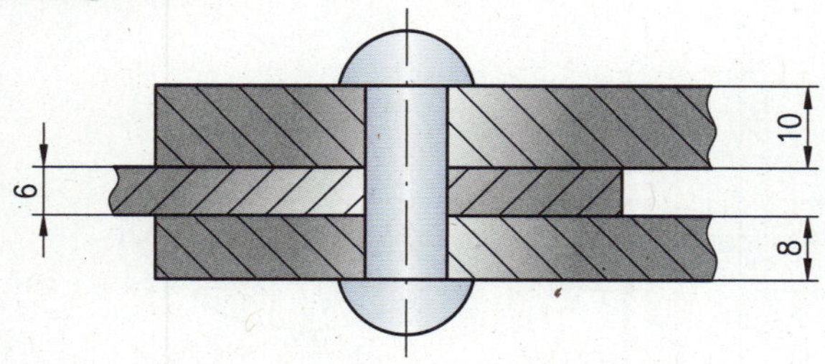

Die Skizze zeigt eine zweischnittige doppelte Laschennietung mit einem Halbrundnietdurchmesser von 16 mm. Berechnen Sie die Zugabe (z) und die Nietlänge (l) in mm.

Geg.:
Geg.:

1. Das Material soll getrennt werden,

   z. B. ______________________

   = Beanspruchung auf ______________________

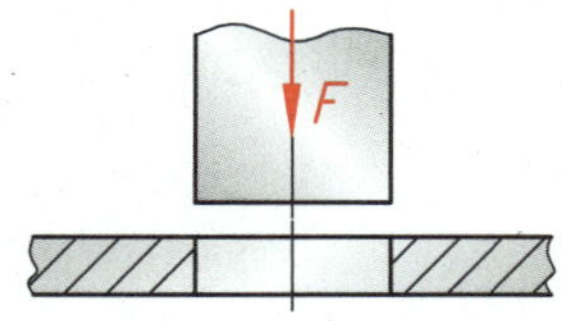

2. Das Material darf nicht getrennt werden,

   z. B. ______________________

   = Beanspruchung auf ______________________

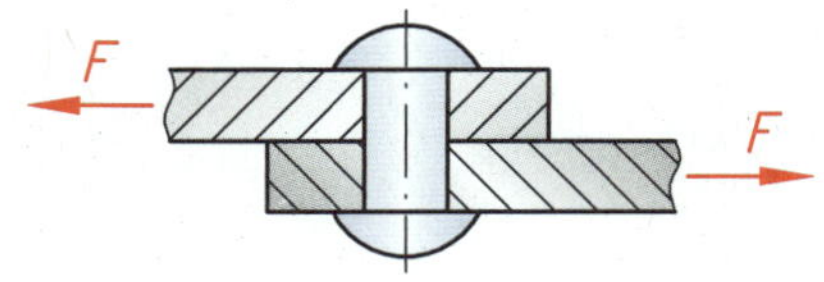

Der skizzierte Niet wird auf Abscherung beansprucht. Seine Mindeststreckgrenze beträgt 240 N/mm², die Sicherheit soll zweifach sein.

a) Wie groß (in N/mm²) ist die Scherfließgrenze τ_{aF}
b) Wie viel N/mm² beträgt die zulässige Scherspannung? $\tau_{a\,zul}$
c) Mit welcher Kraft (in N) darf der Niet auf Abscherung belastet werden?
d) Ergänzen Sie die Skizzen mit genormten Symbolen (Hilfsmittel: Tabellenbuch).

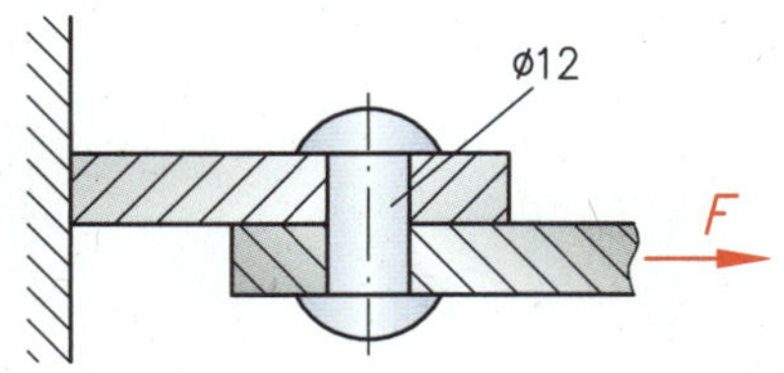

Geg.: ______________________

Ges.: a) ________ b) ________ c) ________

a) Die Scherfestigkeit kann bei den Metallen mithilfe der Mindeststreckgrenze errechnet werden:

$\tau_{aF} \approx R_e \cdot 0{,}6$

$\tau_{aF} \approx 240 \cdot 0{,}6$

$\tau_{aF} \approx 144\ \mathrm{N/mm^2}$

b) Der Niet darf nicht getrennt werden; es wird deshalb eine bestimmte Sicherheit berücksichtigt:

$\tau_{a\,zul} =$ (N/mm²) ________ in ________

$\tau_{a\,zul} =$ ________

$\tau_{a\,zul} =$ ________

c) $A =$ ________

$A =$ ________

$A =$ ________

Auf ________ mm² → ________ N,

auf ________ mm² → ________ = ________ N

$F =$ (N) ________ in ________

________ in ________

d)

Einreihige Überlappungsnietung ohne Senkung, eingebaut in der Werkstatt	Einreihige Überlappungsnietung gebohrt ohne Senkung und eingebaut auf der Baustelle
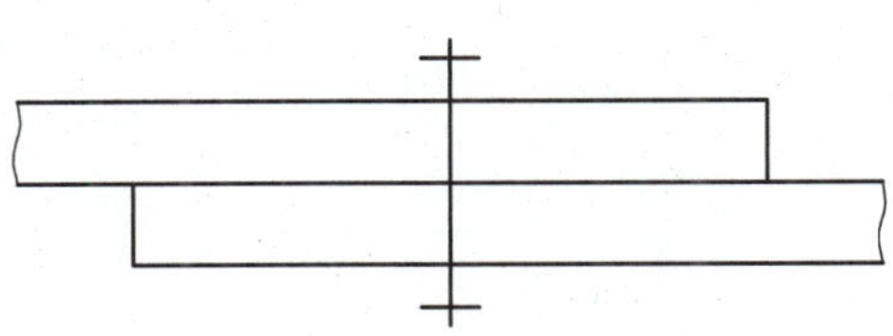	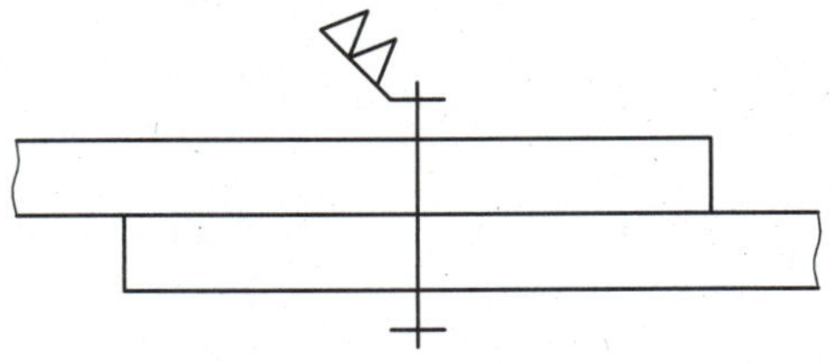

1. **Aufgabe:** Mit welcher Kraft (in kN) darf ein Niet mit 8 mm Durchmesser auf Abscherung beansprucht werden, wenn die Mindeststreckgrenze 295N/mm^2 beträgt und vierfache Sicherheit vorhanden sein soll?

2. **Aufgabe:** Ein Niet wird mit der Kraft von 30,1 kN auf Abscherung beansprucht. Welcher Durchmesser (in mm) ist zu wählen, wenn die Mindeststreckgrenze 310 N/mm^2 beträgt und 2,5-fache Sicherheit gefordert ist?

3. **Aufgabe:** Mit welcher Kraft (in kN) kann die skizzierte zweischnittige Nietverbindung beansprucht werden, wenn die zulässige Scherspannung 230 N/mm^2 beträgt? Zeichnen Sie die gefährdeten Querschnitte ein.

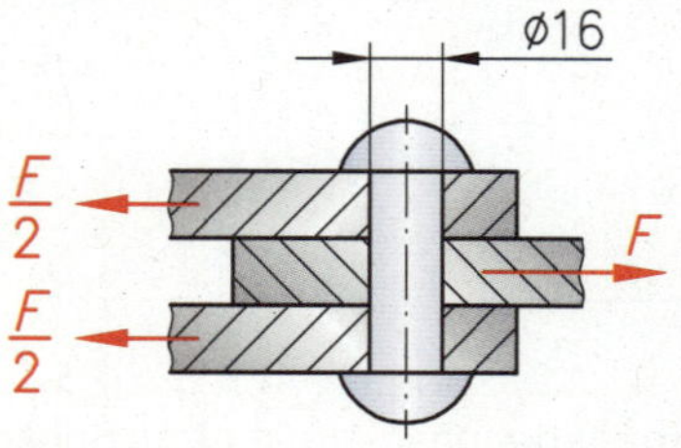

Schrauben zählt zu den lösbaren Verbindungen.

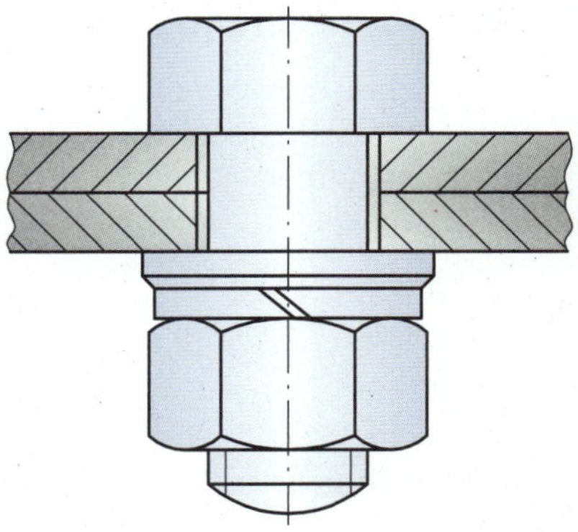

A. Durchsteck-Kopfschraube

Ist die Verschraubung von beiden Seiten zugänglich, können die Bleche mit folgenden Bauteilen verbunden werden:

Federringe, Federscheiben, Zahnscheiben und Fächerscheiben dürfen nur noch für untergeordnete Zwecke verwendet werden. Ein Losdrehen oder ein Lockern der Verbindung bei dynamischen Belastungen ist möglich.

B. Blechschraube

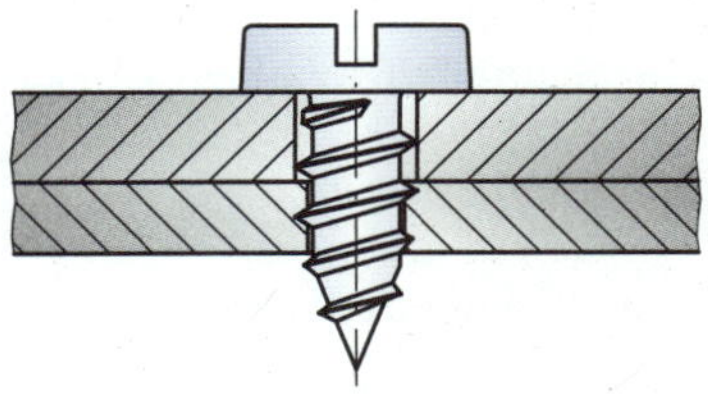

Ist die Verschraubung nur von einer Seite zugänglich, werden Blechschrauben verwendet.
Die gehärteten Blechschrauben formen ihr Innengewinde selber.

Blechschrauben (Auswahl)

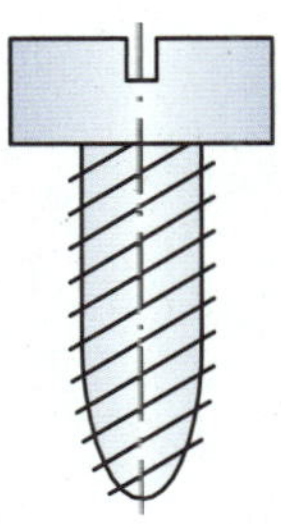	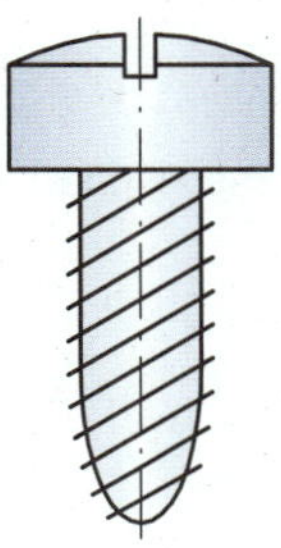	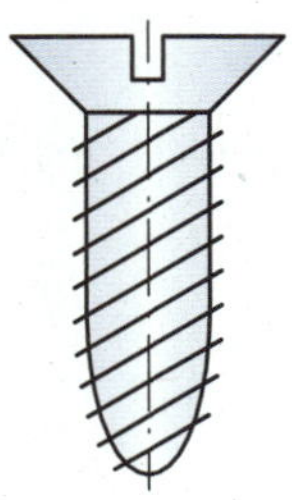	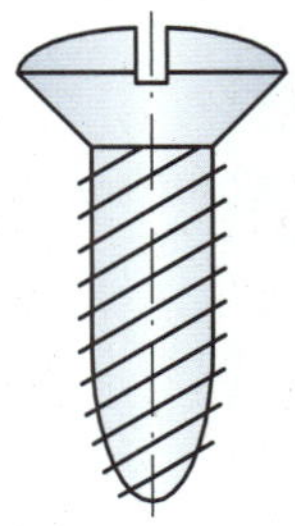	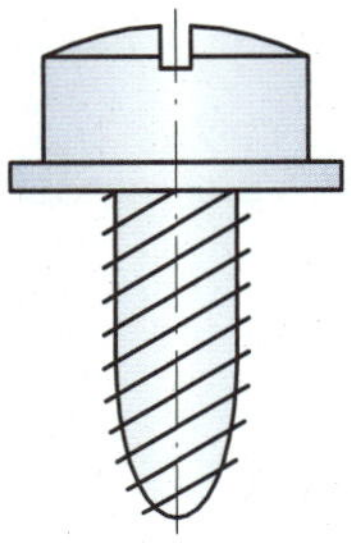	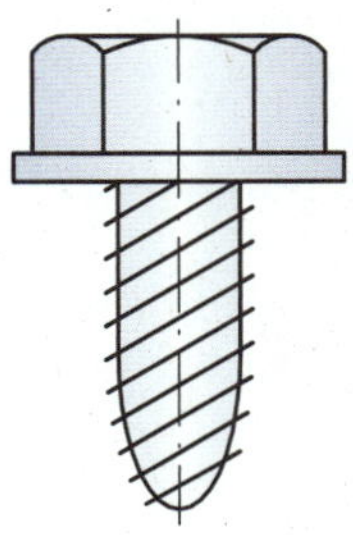
ISO 1481	ISO 7049	ISO 1482	ISO 1483	ISO 10510	
Spitzes Schraubenende: Form C		Flaches Schraubenende: Form F		Abgerundetes spitzes Schraubenende: Form R	
Bei Blechschrauben mit Kreuzschlitz oder Torx ändert sich die ISO-Norm-Nummer.					

C. Bohrschrauben mit Blechschraubengewinde

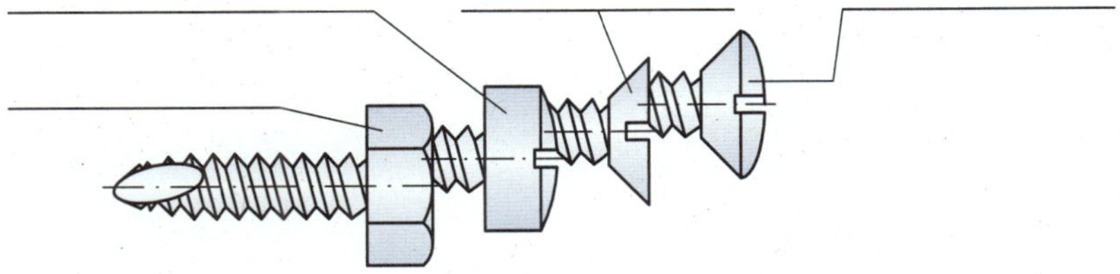

Gehärtete Blechschrauben gibt es mit Schlitz, Kreuzschlitz und Torx. Sie stellen die Vorbohrung selbst her. Zum Eindrehen werden Elektroschrauber verwendet.
Im Außenbereich verhindern Abdichtscheiben das Eindringen von Wasser.

D. Gewindefurchende Blechschraube mit Blechschraubengewinde

Diese Schrauben formen das Gewinde spanlos.
Unter dem Schraubenkopf ist eine drehbare unverlierbare Scheibe mit Kunststoffbelag angebracht. Man nennt sie deshalb auch Kombi-Schraube.

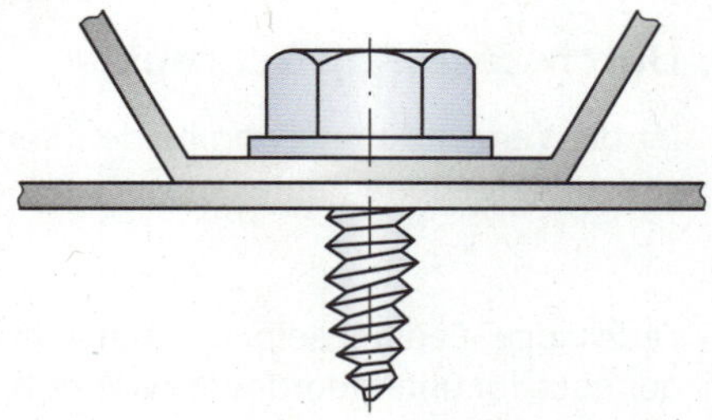

E. Gewindeschneidschraube mit metrischem ISO-Gewinde

Dickere Bleche können mit gehärteten Gewindeschneidschrauben verbunden werden.
Der Schraubenschaft ist ähnlich dem Innengewindebohrer.

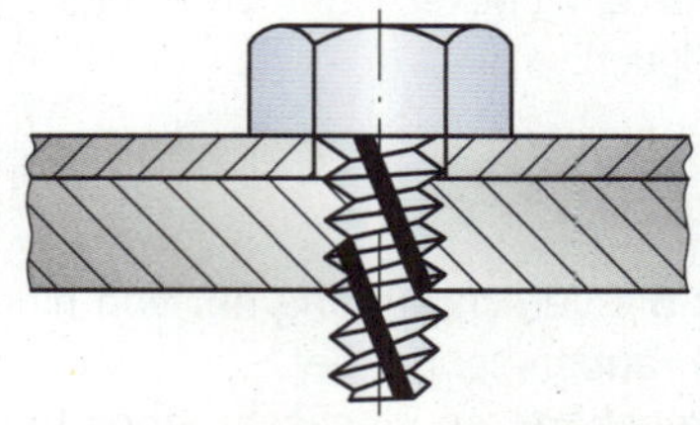

Schneidschraubengröße	M 3	M 4	M 5	M 6	M 8
Vorbohrungsdurchmesser für metrische Schrauben (mm)	2,5	3,3	4,2	5,0	6,8
Vorbohrungsdurchmesser der Schneidschrauben (mm)	2,7	3,6	4,5	5,5	7,4

Vergleichen Sie die Durchmesser beim Vorbohren der Schneidschrauben mit metrischen Schrauben.

F. Anniet- und Schweißmutter

Annietmutter (DIN 987)

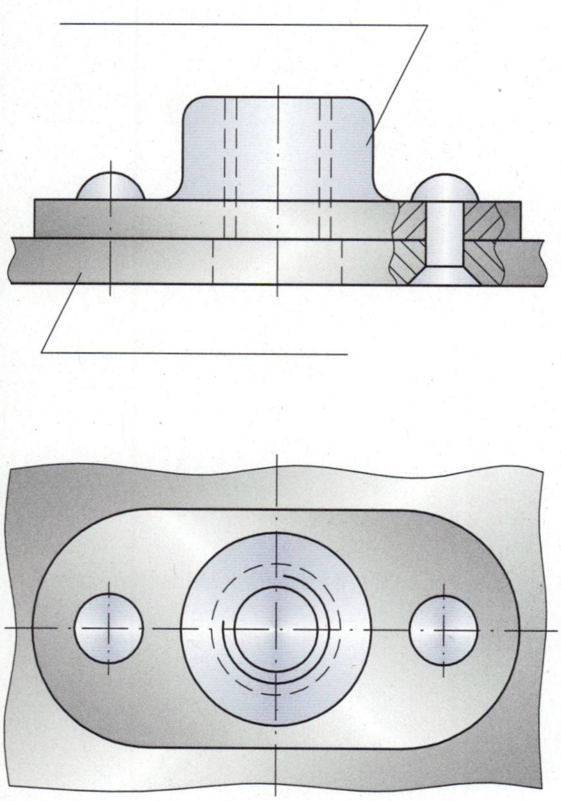

Schweißmutter (DIN 929)

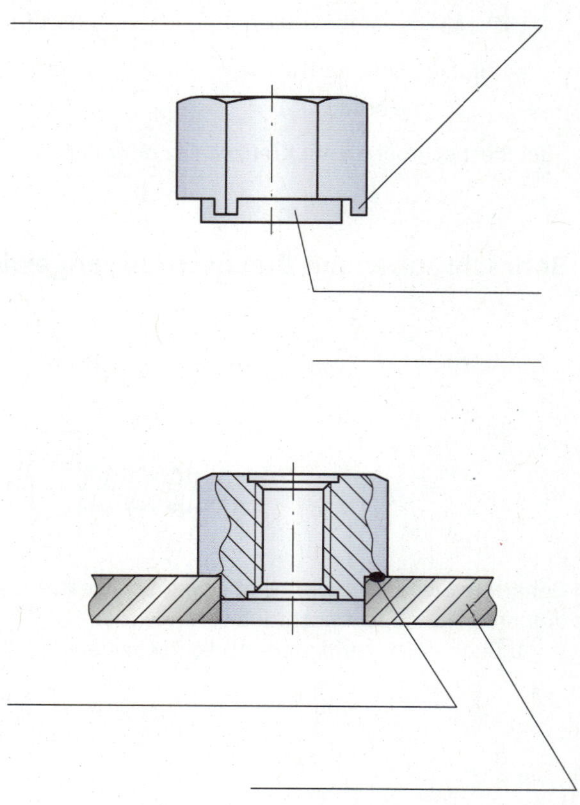

Bildnachweis: Di Gaspare, Michele (Bild und Technik Agentur für technische Grafik und Visualisierung)

Die Blechstärke von Blechen und Hohlprofilen kann dünn sein. Wie kann dieser Nachteil verbessert werden?

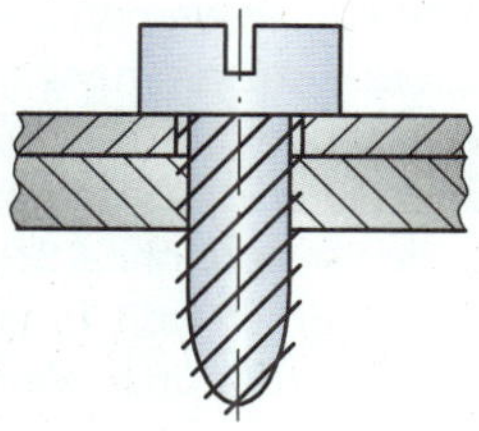	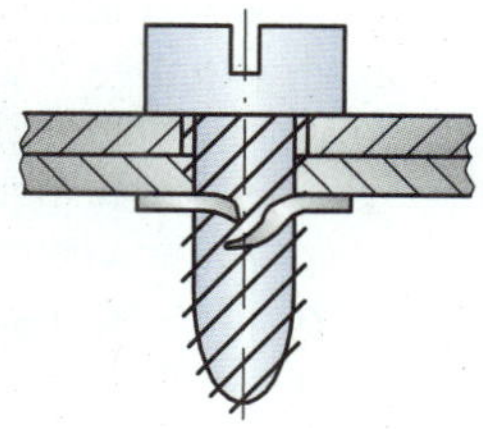	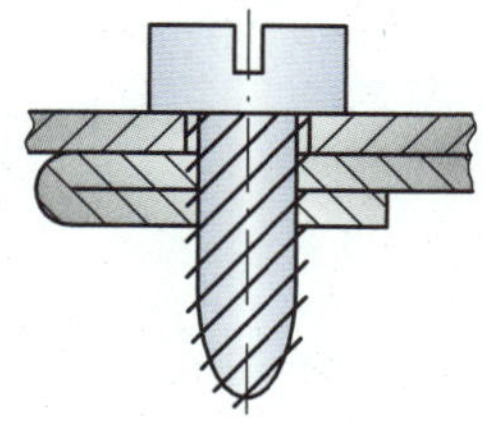	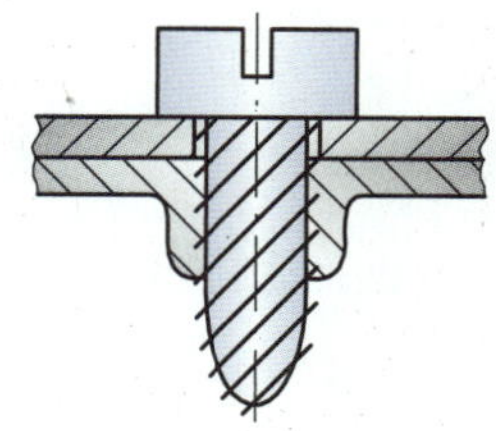
	Dünnes Blech und	Blech mit	Blech mit Blechdurchzug

G. Normung der Blechschrauben

Erklären Sie die folgenden Abkürzungen.

1. Blechschraube ISO 7049 – ST 3,5 x 25 – C

ISO 7049:

ST 3,5:

25:

C:

2. Bohrschraube ISO 15483 – ST 4,8 x 38

ISO 15483:

ST 4,8:

38:

Beachte: Die Kreuzschlitze von Blechschrauben können die Form Z oder H haben, z. B. Blechschraube ISO 7050 – ST 5,5 x 22 – F – Z

H. Herstellung von Durchzügen in Blechen, Rohren und Profilen

Blechdurchzüge können mit einem kegelförmigen Hartmetalldorn hergestellt werden. Dieser wird in eine Handbohrmaschine oder in stationären Bohrmaschinen gespannt. Eine hohe Drehzahl und eine hohe Vorschubkraft erzeugen ohne Vorbohren eine örtliche Reibungswärme. Der Werkstoff kann spanlos durchstoßen werden.

Welche weitere Verarbeitungen erbringt der fertige Durchzug?

Welche metrische Innengewinde sollten verwendet werden?

Bildnachweis: Di Gaspare, Michele (Bild und Technik Agentur für technische Grafik und Visualisierung)

Beim Pressschweißen werden die Werkstücke ohne Zusatzwerkstoff in teigigem Zustand durch Pressen verbunden.

A. Punkt-Schweißen

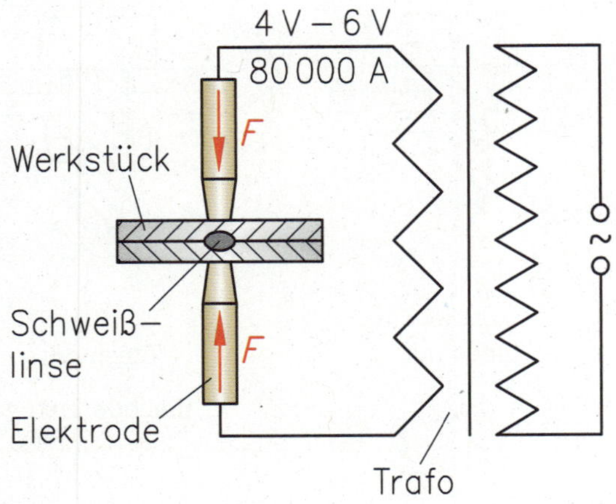

Die übereinanderliegenden Werkstücke werden durch die wassergekühlten Kupferelektroden zusammengepresst. Der durchfließende Strom erwärmt punktförmig die Werkstücke bis zum teigigen Zustand. Durch den Anpressdruck der Elektroden verschweißen die Bauteile ohne Schweißzusätze. Das richtige Zusammenwirken von Presskraft, Schweißstrom und Schweißzeit wird durch Versuchsschweißungen ermittelt.

1. Anforderungen an die Werkstoffe

Nennen Sie Werkstoffeigenschaften, die Punkt-Schweißen ermöglichen.

–

–

–

Werkstoffe, die diese Anforderungen erfüllen;

2. Einstellwerte beim Punkt-Schweißen

Einstellwerte	Erklärung
Hoher Schweißstrom Kurze Schweißzeit	Sie bewirken kleine Punkteindrücke und dadurch eine geringe Abnutzung der Elektrodenspitzen.
Große Elektrodenpresskraft	Der elektrische Widerstand wird durch die Bleche verringert.

Genaue Einstellwerte finden Sie im Tabellenbuch oder in den Unterlagen der Gerätehersteller.

3. Punktschweiß-Elektroden

Elektrodenwerkstoffe

Anforderungen	Erklärung
Große elektrische Leitfähigkeit	Beim Stromdurchgang sollen sich nicht die Elektroden, sondern die zu verschweißenden Bleche stark erwärmen.
Große Werkstoffhärte	Die Elektroden müssen verschleißfest sein. Eine Vergrößerung der Elektrodenspitze hat eine schlechte Punktschweißung zur Folge.

Reine Kupferelektroden besitzen zwar eine große elektrische Leitfähigkeit, aber eine sehr geringe Härte.
Durch welche Maßnahme kann die Härte des Kupfers erhöht werden?

Elektrodenausführung

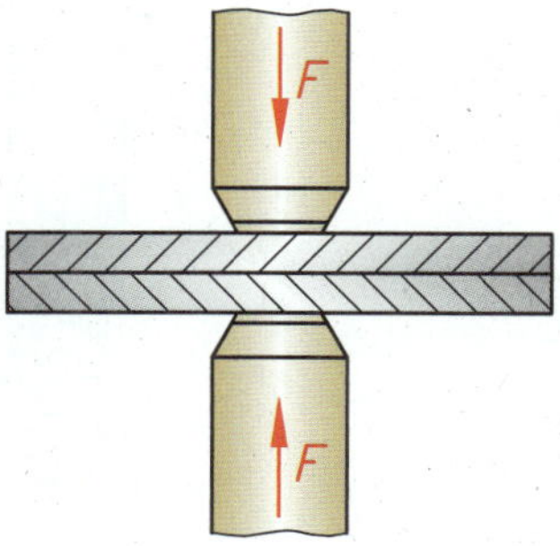

Für saubere Blechoberflächen: die Elektrodenspitze ist ______________.

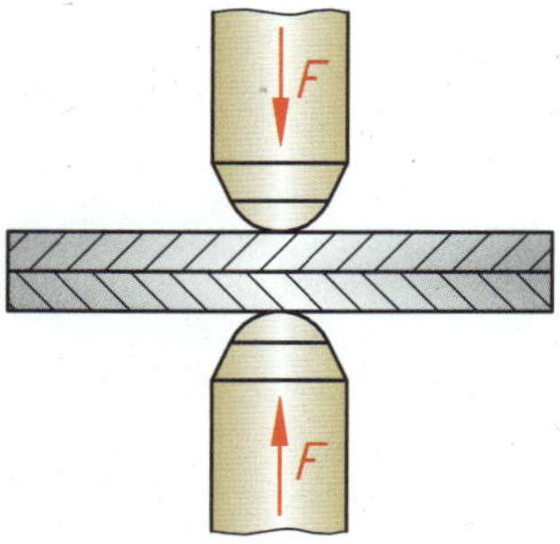

Für oxidierte Blechoberflächen: die Elektrodenspitze ist ______________.

Elektrodenspitzen müssen gepflegt werden!
Geben Sie an, wie diese Pflege aussicht

B. Rollnaht-Schweißen

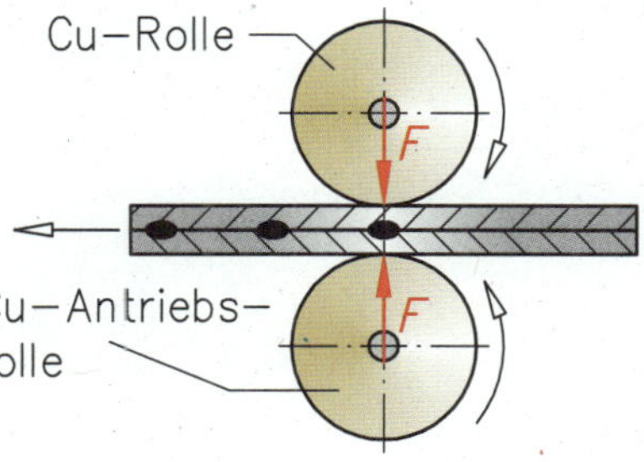

Beim Rollnaht-Schweißen werden anstelle der Elektrodenstäbe Kupferrollen verwendet. Die Rollen pressen die zu verschweißenden Bauteile aneinander und bilden die Vorschubbewegung. Die Schweißpunkte werden über die Rollen durch Stromimpulse erzeugt.

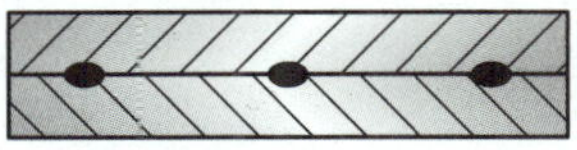

Stromimpulse in großen Zeitabständen

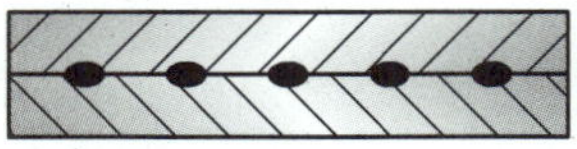

Stromimpulse in kurzen Zeitabständen

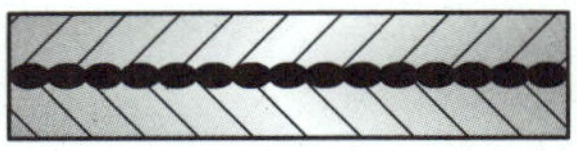

Stromimpulse in sehr kurzen Zeitabständen

Welche der folgenden Nähte entsteht dabei jeweils? Festnaht, Dichtnaht, Heftnaht

Merke: Das Rollnaht-Schweißen wird für Dünnbleche verwendet. Maximale Blechdicke für Stahl 3,5 mm, für Aluminium 2,0 mm.

Genaue Einstellwerte finden Sie im Tabellenbuch oder in den Unterlagen der Gerätehersteller.

Eine Glühlampe ist an 12 V angeschlossen und nimmt 0,5 A auf. Welche Leistung hat die Glühlampe?

Vergleichen Sie:

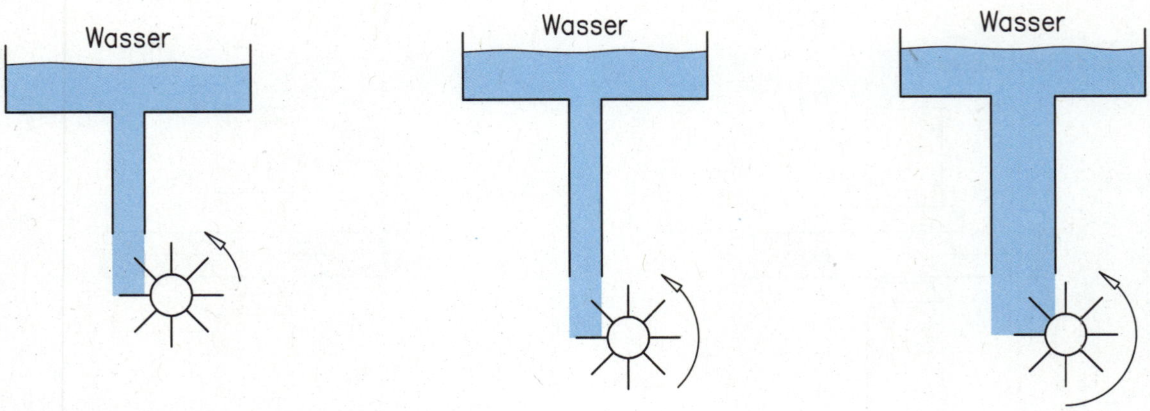

Die Leistung des Wasserrads ist umso größer,

- je ____________ der Wasserdruck ist und
- je ____________ Wasser fließt.

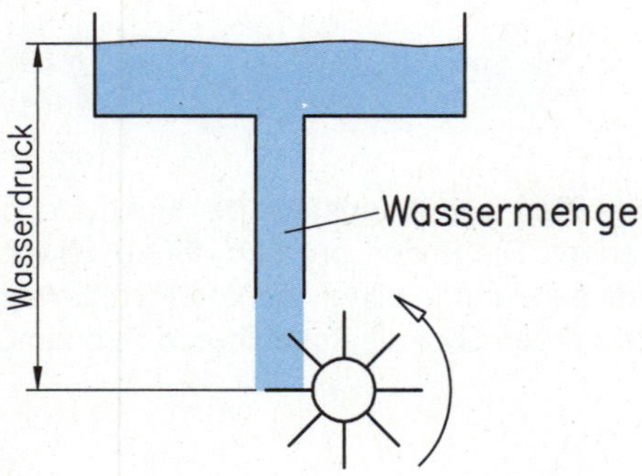

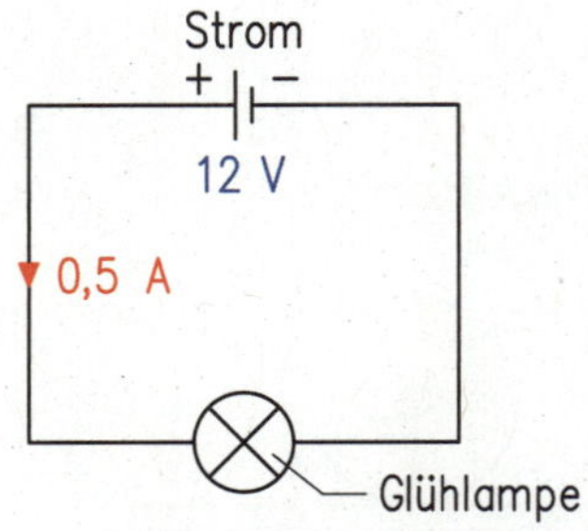

Wasserdruck ≙ ____________________, z. B. ____________

Wassermenge ≙ ____________________, z. B. ____________

Die Leistung der Glühlampe ist umso größer,

- je ____________ die ____________________ und
- je ____________ die ____________________ ist.

Leistung = ________________________________

$P =$ ____________

Benennung: 1 Volt · 1 Ampere = ____________

1 VA = ____________ ____________ = 1 000 W

1. **Aufgabe:** Ein Antriebsmotor hat eine Leistung von 1,38 kW.
   Wie groß (in A) ist bei einer Spannung von 230 V die Stromstärke?

2. **Aufgabe:** Ein elektrischer Widerstand hat die Leistung von 4,8 W und nimmt dabei 400 mA auf.
   Wie viel Volt beträgt die angelegte Spannung?

3. **Aufgabe:** Berechnen Sie die Leistung (in W) einer Glühlampe, wenn ihr Widerstand 920 Ω beträgt und eine Spannung von 230 V anliegt.

4. **Aufgabe:** Ein elektrisches Heizgerät leistet 1,84 kW und nimmt 8 A auf.
   Wie viel Ohm Widerstand hat die Heizentwicklung?

Metallbautechnik	Datum:	Herstellen von Blechbauteilen	Lernfeld 5
Name:	Klasse:	*Elektrische Arbeit*	19

Eine Metallkreissäge nimmt die Leistung von 2,4 kW auf und ist täglich 2 $^{1}/_{2}$ Stunden in Betrieb.
Wie viel kWh beträgt die elektrische Arbeit?

Die von einem Elektrogerät aufgenommene Arbeit hängt ab

– von der ____________________ und
– von der ____________________.

Die elektrische Arbeit ist umso größer,

– je ______________ die ____________________ des Verbrauchers und
– je ______________ die ____________________ ist.

Arbeit = ____________________________________

_____ = __________

Benennungen: ______ · ______ = ______
______ · ______ = ______
______ · ______ = ______

Geg.:
Ges.:

1. Aufgabe: Eine Schweißmaschine mit 6 kW war im vergangenen Monat täglich im Schnitt 4 h und 30 min an 18 Arbeitstagen in Betrieb.
Wie viel kWh beträgt ihr Energieverbrauch (elektrische Arbeit)?

2. Aufgabe: Ein Zähler zeigt bei 30 Betriebsstunden einen Verbrauch von 12 kWh an.
Wie groß ist die elektrische Leistung (in W) der betriebenen Elektrogeräte?

3. Aufgabe: Ein Elektromotor ist an 12 V angeschlossen und nimmt 8 A auf. Der Zähler zeigt einen Verbrauch von 0,6 kWh an.
Wie lang (in Stunden, Minuten) ist der Motor eingeschaltet?

4. Aufgabe: Ein Elektrogerät ist an 230 V angeschlossen, sein Widerstand beträgt 50 Ω. Der Betriebsstundenzähler zeigt im Januar 60 Stunden an.
Wie viel kWh wurden verbraucht?

Der Antriebsmotor eines Kompressors nimmt 2,5 kW Leistung auf, gibt aber nur 2 kW wieder ab.
Berechnen Sie seinen Wirkungsgrad.

Der Wirkungsgrad ist das Verhältnis zwischen abgegebener und zugeführter Leistung.

Er wird mit ______ (Eta) abgekürzt.

Geg.: ______________________________

Ges.: ______

______ = ______ oder ______ = ______

______ = ______

______ = ______ d. h., von 1 kW zugeführter Leistung werden ______ kW wieder abgegeben, das entspricht ______ %

Weil die abgegebene Leistung oder Arbeit stets ____________ als die zugeführte Leistung oder Arbeit ist, muss der Wirkungsgrad immer ____________ als ______ sein.

1. Aufgabe: Der Antriebsmotor einer Hebeanlage hat einen Wirkungsgrad von 0,65 und gibt 2,6 kW ab.
Wie viel kW beträgt die Leistungsaufnahme?

2. Aufgabe: Eine Winkelschleifmaschine nimmt bei 230 V Spannung den Strom von 8 A auf.
Berechnen Sie die Nennleistung in Watt (abgegebene Leistung), wenn der Wirkungsgrad der Maschine 0,7 beträgt.

A. Leistung bei Wechselstrom mit induktiver Belastung (z. B. durch Transformatorenspulen) oder mit kapazitiver Belastung (z. B. durch Kondensatoren)

Der Wechselstrommotor eines Schweißumformers nimmt bei 230 V die Stromstärke von 6 A auf. Sein Leistungsfaktor beträgt 0,85.
Wie groß ist seine Leistung (in W)?

Um Wechselstrom handelt es sich dann, wenn der Strom in bestimmten Zeitabständen seine Fließrichtung ändert. Unsere Netzspannung wechselt die Richtung in einer Sekunde 50-mal, d. h., die Stromfrequenz beträgt 50 Hz (Hertz). Diese Änderung der Fließrichtung wird durch den Leistungsfaktor cos φ (cosinus phi) berücksichtigt. Sein Wert liegt bei induktiver und kapazitiver Belastung zwischen 0,5 und 0,9, bei ohmscher Belastung ist der cos $\varphi = 1$.

Geg.: ____________________

Ges.: ______

Der Leistungsfaktor beträgt 0,85; Faktoren werden ______________ :

$P =$ ______________ (____) U in ______ I in ______

$P =$ ______________

$P =$ ______________

1. **Aufgabe:** Ein Gerät nimmt bei einem Leistungsfaktor von 0,75 eine Leistung von 345 W auf.
   Wie groß ist die Stromaufnahme (in A) bei 230 V Wechselstrom?

2. **Aufgabe:** Ein Wechselstrommotor für 230 V hat eine Stromaufnahme von 8 A und einen Leistungsfaktor von 0,72.
   Welche Leistung (in W) hat der Motor?

B. Leistung bei Drehstrom

Der Drehstrommotor eines Schweißumformers ist an 400 V angeschlossen und nimmt einen Strom von 5 A auf. Der Leistungsfaktor des Motors beträgt 0,86.
Berechnen Sie die Motorleistung in Watt.

Drehstrom ist eine Verkettung von drei Einphasenwechselströmen (= Dreiphasenwechselstrom). Die Zusammenfassung dieser drei Einzelleistungen geschieht durch den Verkettungsfaktor $\sqrt{3}$.

Geg.: ______________________

Ges.: ______

Der Verkettungsfaktor beträgt $\sqrt{3}$; die Formel erweitert sich:

$P =$ ______________ (____) U in ______ I in ______

$P =$ ______________

$P =$ ______________

1. **Aufgabe:** Der Drehstrommotor mit 400 V eines Schweißaggregats hat eine Leistung von 4,56 kW und nimmt 8,66 A auf.
   Welchen Leistungsfaktor hat der Motor?

2. **Aufgabe:** Ein Schweißumformer liefert bei 50 V Gleichspannung einen Schweißstrom von 100 A. Der Gesamtwirkungsgrad des Umformers ist 80 %.
   a) Wie viel Watt gibt der Gleichstromgenerator ab?
   b) Welche Leistung (in W) muss dem Drehstrommotor zugeführt werden?
   c) Mit wie viel Ampere muss der Motor mindestens abgesichert werden, wenn er an 400 V betrieben wird und einen Leistungsfaktor von 0,76 besitzt?

3. **Aufgabe:** Der Drehstrommotor eines Schweißaggregats soll bei einer Spannung von 400 V die Leistung von 10 kW abgeben. Der Leistungsfaktor ist 0,7, der Wirkungsgrad 0,8.
Welchen Strom (in A) nimmt der Motor auf?

4. **Aufgabe:** Der Drehstrommotor eines Schweißumformers nimmt bei 400 V einen Strom von 12 A auf. Bei einem Wirkungsgrad von 82 % gibt er an den Gleichstromgenerator die Leistung von 5,4 kW ab.
Wie groß ist der Leistungsfaktor des Motors?

5. **Aufgabe:** Der Drehstrommotor eines Schweißumformers mit dem Leistungsfaktor 0,82 nimmt bei 400 V einen Strom von 20 A auf. Der Gesamtwirkungsgrad des Umformers (Drehstrommotor und Gleichstromgenerator) beträgt 70 %.
   a) Welche Leistung (in W) wird vom Motor aufgenommen?
   b) Wie groß ist die Ausgangsleistung (in W) des Umformers?
   c) Wie viel Ampere Schweißstrom liefert der Umformer bei 30 V Schweißspannung?

Beim Ablängen eines Flachstahls S 235 JR mit der Kreissäge wird mit einer Drehzahl von 42 1/min gearbeitet. Der Durchmesser des Kreissägeblatts ist 300 mm.

Wie groß ist die Schnittgeschwindigkeit des Sägeblatts?

Unter Schnittgeschwindigkeit versteht man die Geschwindigkeit, mit der bei der spanenden Bearbeitung die ______________ stattfindet.

Die Schnittbewegung ist beim Bohren, Drehen, Fräsen, Schleifen und beim Sägen mit der Kreis- und Bandsäge ________-förmig. Die Schnittgeschwindigkeit wird daher wie die ____________-Geschwindigkeit berechnet. Ihre Benennung ist m/min, nur beim Schleifen und Trennschleifen ist sie in m/s angegeben.

Geg.: ______________________________

Ges.: ______ (m/min)

Formel zur Berechnung der Umfangsgeschwindigkeit und damit auch zur Berechnung der Schnittgeschwindigkeit in m/s:

$v_c =$ (m/s)

______ in ________

______ in ________ = ________

Überlegen Sie, wie sich die Formel ändert, wenn die Benennung m/min ist:

$v_c =$ (m/min)

______ in ________

______ in ________ = ________

$v_c =$ ______________

$v_c =$ ______________

Auf den Maschinen wird nicht die Schnittgeschwindigkeit, sondern die ______________ eingestellt. Dann muss allerdings die Schnittgeschwindigkeit bekannt sein.

In Tabellen werden wirtschaftlich günstige Werte für die Schnittgeschwindigkeit angegeben:

	Sägen (HSS) Kreissäge v_c (m/min)	**Bohren (HSS)** v_c (m/min)
Unlegierter Baustahl	20–50	35–60
Legierter Stahl	10–20	20–30
Gusseisen	25–35	15–35
Aluminium	250–1 000	50–100

Welche Drehzahl muss an einer Kreissäge (d = 350 mm) eingestellt werden, wenn Werkstücke aus Aluminium abgeschnitten werden? v_c (Al) = 300 m/min.

Geg.: ______

Ges.: ______

Ist die errechnete Drehzahl auf der Maschine nicht einstellbar, so muss die nächst ______ verwendet werden.

1. **Aufgabe:** Die zwei Scheiben einer Bandsäge haben 380 mm Durchmesser und laufen mit einer Drehzahl von 25 1/min.
   Wie groß ist die Schnittgeschwindigkeit des Sägebands, wenn Gusswerkstücke abgetrennt werden?

2. **Aufgabe:** Die Arbeitswelle einer Metallkreissäge wird mit einer Drehzahl von 400 1/min angetrieben.
   Welchen Durchmesser (in mm) darf ein Kreissägeblatt aus HSS bei einer Schnittgeschwindigkeit von 350 m/min bei der Bearbeitung von Aluminium höchstens haben?

Baustahl (S 235 JR) soll mit einer HSS Kreissäge zugeschnitten werden. Der Sägeblattdurchmesser beträgt 300 mm. Bei einer Schnittgeschwindigkeit von 40 m/min soll die Vorschubgeschwindigkeit 65 mm/min betragen.

a) Welche Drehzahl ist zu wählen?

b) Wie viel Millimeter beträgt der Vorschub?

Unterscheiden Sie:

Vorschubgeschwindigkeit v_f ist der Weg der Schneide in ______________.

Ihre Benennung ist __________.

Vorschub *f* ist der Weg der Schneide nach ______________.

Seine Benennung ist __________.

Schnittgeschwindigkeit v_c ist der Weg eines Punkts am Umfang der Schneide in ______________.

Ihre Benennung ist __________.

Die Bewegungsrichtung der Schnittgeschwindigkeit ist ______________, die der Vorschubgeschwindigkeit ______________.

Geg.: ______________________________

Ges.: a) ______ b) ______

a)

b) Vorschub in 1 min,

also bei ______ Umdrehungen ⟶ ______________

Vorschub bei ______ Umdrehung ⟶ ______________ = ______________

$f =$ (mm) ______ in ______ / ______ in ______ = ______

Richtwerte für die Vorschubgeschwindigkeit v_f (mm/min) beim Sägen mit dem Kreissägeblatt (HSS)

Werkstoff	Mittlere Vorschubgeschwindigkeit v_f (mm/min)
Baustahl (R_m < 700 N/mm²)	≈ 180
Baustahl (R_m > 700 N/mm²)	≈ 140
Nicht rostender Stahl	≈ 60
Aluminium	≈ 1 200

Richtwerte für den Vorschub *f* (mm) beim Bohren (HSS)

Bohrerdurchmesser *d* (mm)	3	4	6	10	15	25	30	40
Unlegierter und legierter Stahl *f* (mm)	0,05	0,08	0,12	0,18	0,25	0,32	0,38	0,40
Gusseisen *f* (mm)	0,08	0,07	0,1	0,14	0,18	0,28	0,33	0,35
Aluminium *f* (mm)	0,04	0,12	0,2	0,28	0,38	0,5	0,55	0,6

1. **Aufgabe:** In Tabellenbüchern wird für das Trennen von Aluminium mit Kreissägeblättern bis 300 mm Durchmesser eine Schnittgeschwindigkeit von 250 m/min und ein Vorschub von 3 mm vorgeschlagen.
Berechnen Sie die Drehzahl (in 1/min) und die Vorschubgeschwindigkeit (in mm/min).

2. **Aufgabe:** Bei einem Kreissägeblatt, 180 mm Durchmesser, beträgt die Schnittgeschwindigkeit 40 m/min, der Vorschub 0,6 mm.
Wie groß (in mm/min) ist die Vorschubgeschwindigkeit?

3. **Aufgabe:** In Gusseisen werden mit 20 m/min Schnittgeschwindigkeit Bohrungen mit 40 mm Durchmesser hergestellt. Die Vorschubgeschwindigkeit beträgt 100 mm/min.
Wie viel Millimeter beträgt der Vorschub?

Am Antriebsmotor einer Maschine ist eine Riemenscheibe mit 120 mm angebracht, deren Drehzahl 1400 1/min beträgt. Damit soll über eine zweite Riemenscheibe die Drehzahl von 350 1/min erreicht werden.

a) Welchen Durchmesser (in mm) muss die getriebene Scheibe haben?

b) Wie groß ist das Übersetzungsverhältnis?

Vereinbarung: Angaben über die treibende Scheibe erhalten den Index (= Kennziffer) „1",
Angaben über die getriebene Scheibe erhalten den Index „2".

Geg.: ____ = 120 mm, ____ = 1400 1/min, ____ = 350 1/min

Ges.: a) ____ b) ____

Vervollständigen Sie die Skizze. Überlegen Sie, ob die Riemenscheibe an der Bohrspindel größer oder kleiner ist.

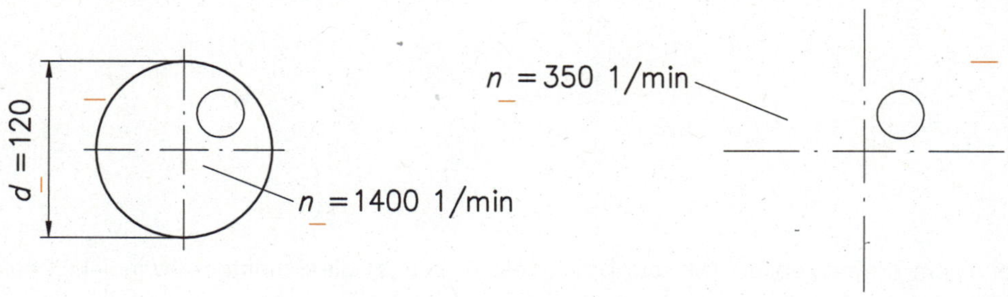

a) Verschiedene Drehzahlen, aber gleiche ____________________:

____ = ____

____ = ____

____ = ____

d ____ = ____

d ____ = ____

d ____ = ____

Erkenntnis: Die kleinere Scheibe hat stets die ____________ Drehzahl.

b) Das Übersetzungsverhältnis ____ gibt an, wie sich die ____________ der treibenden Scheibe zu der angetriebenen Scheibe verhält; die Rechnung ist also eine Teilung:

i = ____ = ____ Oft wird das Ergebnis nicht als Dezimalzahl ausgedrückt, sondern als Bruch belassen, wobei die kleine Zahl (hier der ____________) zu „1" wird:

i = ____ = ____ = ____

Beispiel: $i = \frac{1\,500}{500}$ = ____ = ____ ; $i = \frac{800}{2\,600}$ = ____ = ____

Metallbautechnik	Datum:	Herstellen von Blechbauteilen	Lernfeld 5
Name:	Klasse:	*Einfacher Riementrieb*	24

Das Übersetzungsverhältnis von 4 oder $\frac{4}{1}$ ergibt sich auch, wenn man mit den Durchmessern der Riemenscheibe rechnet:

$i =$ ______ = ______ = ______

$i =$		$i =$

$i = \frac{4}{1}$ heißt, wenn sich die ______ Scheibe ______ -mal dreht,

dreht sich die ______ Scheibe ______ -mal.

Übersetzung ins Schnelle ⟶ i ______ als 1 ⟶ i ______ 1

Übersetzung ins Langsame ⟶ i ______ als 1 ⟶ i ______ 1

1. **Aufgabe:** Der Motor für ein Gebläse läuft mit 1400 1/min. Die Durchmesser der beiden Riemenscheiben sind 105 mm am Antriebsmotor und 75 mm an der Gebläsewelle.
   a) Mit welcher Drehzahl läuft das Gebläse?
   b) Welches Übersetzungsverhältnis liegt vor? Geben Sie dieses als Dezimalzahl und als Bruch an.

2. **Aufgabe:** Der gezeichnete Stufenscheiben-Riementrieb wird vom Motor mit 520 1/min angetrieben.
   Berechnen Sie für die beiden Fälle die Drehzahl der Arbeitsspindel, das Übersetzungsverhältnis und die Riemengeschwindigkeit in m/s.

	Scheibendurchmesser in mm	
	treibend	angetrieben
a)	232	58
b)	124	155

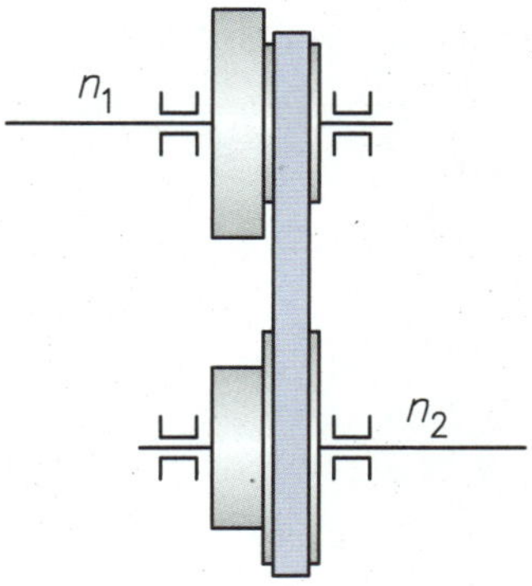

Das Antriebsrad des gezeichneten Zahnradgetriebes hat 36 Zähne und dreht sich mit 1 420 1/min.
Das getriebene Zahnrad besitzt 18 Zähne.

a) Zeichnen Sie die Drehrichtung am getriebenen Zahnrad ein.
b) Mit welcher Drehzahl läuft dieses Rad?
c) Wie groß ist das Übersetzungsverhältnis?

z = ____ z = ____
n = ____

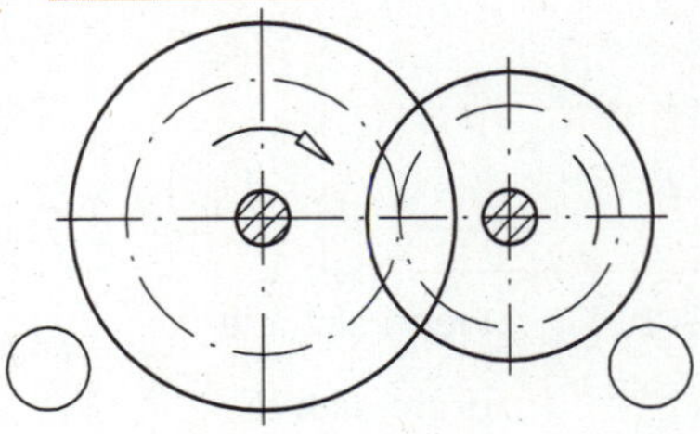

Wie beim Riementrieb gilt die Vereinbarung:

Treibendes Zahnrad ⟶ Index ◯,
Getriebenes Zahnrad ⟶ Index ◯.

Geg.: ____

Ges.: a) Drehrichtung b) ____ c) ____

a) Beim einfachen Zahnradtrieb wird die Drehrichtung ____.

b) Beim Riementrieb haben Sie folgende Gesetzmäßigkeit festgestellt:

____

Beim Zahnradtrieb gilt: ____ = ____

____ = ____

____ = ____

____ = ____

Erkenntnis: Die größere Drehzahl hat stets das Zahnrad mit der ____ Zähnezahl.

c) *i* =

Dieses Übersetzungsverhältnis erhält man auch, wenn man mit den Zähnwezahlen rechnet:

i = ____ *i* = ____

i = ____ *i* = ____ *i* =

i = ____ *i* = ____

1. Aufgabe: Das Antriebsrad eines Zahnradtriebs mit 42 Zähnen dreht sich mit 1 620 1/min und treibt ein Zahnrad, welches eine Drehfrequenz von 1 260 1/min haben soll.
Berechnen Sie die Zähnezahl des getriebenen Rads und das Übersetzungsverhältnis.

2. Aufgabe: Berechnen Sie die Enddrehzahl und Übersetzungsverhältnis des skizzierten Kegelradtriebs.

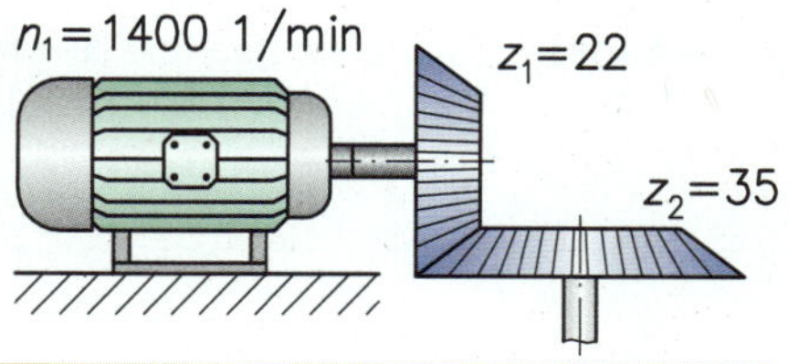

3. Aufgabe: In einem Getriebe hat das treibende Zahnrad 50, das getriebene Zahnrad 32 Zähne. Als Enddrehzahl werden 1 600 1/min verlangt.

a) Wie groß muss die Antriebsdrehzahl sein?

b) Welches Übersetzungsverhältnis liegt vor?

4. Aufgabe: Bei einem Zahnradtrieb ist ein Übersetzungsverhältnis von 1 : 2,8 gefordert.
Wie groß müssen Dreh- und Zähnezahl des getriebenen Rads gewählt werden, wenn das Antriebsrad 42 Zähne besitzt und die Drehzahl 500 1/min beträgt?

Arbeitsauftrag: Es soll ein Behälter aus feuerverzinktem Stahlblech gefertigt werden.

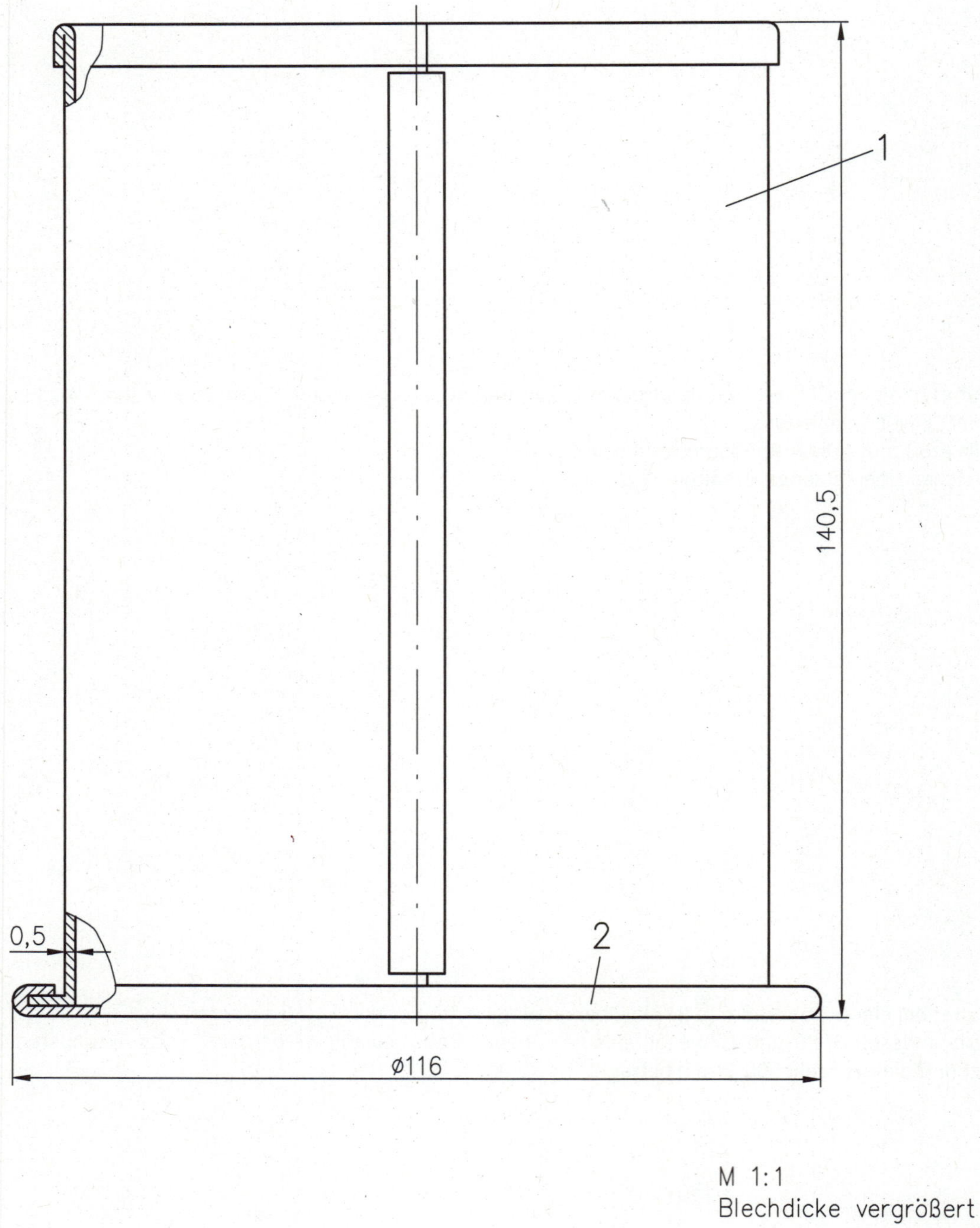

Verantwortl. Abtl.	Techn. Referenz	Erstellt durch	Genehmigt von	
		Dokumentenart	Dokumentenstatus	
		Titel, Zusätzlicher Titel	Werkstoff	
			Änd. / Ausgabedat. / Spr. / Blatt	

A. Behältermantel

Bestimmen Sie die Länge und Breite des Behältermantels, runden Sie auf „5" auf und tragen Sie Dicke x Höhe x Breite in die Stückliste ein.

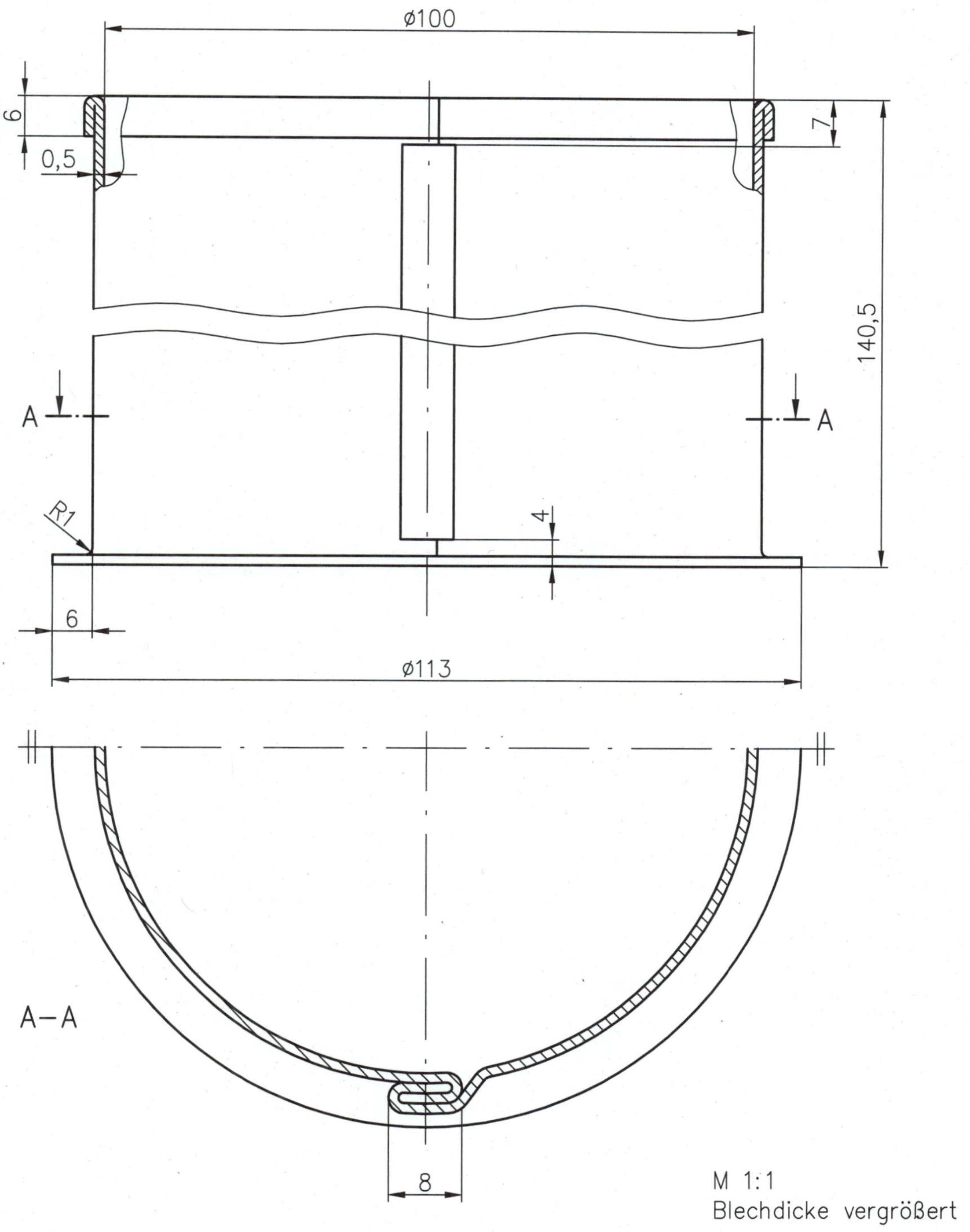

Verantwortl. Abtl.	Techn. Referenz	Erstellt durch	Genehmigt von			
		Dokumentenart	Dokumentenstatus			
		Titel, Zusätzlicher Titel	Werkstoff			
			Änd.	Ausgabedat.	Spr.	Blatt

1. Genaue Breite des Behältermantels

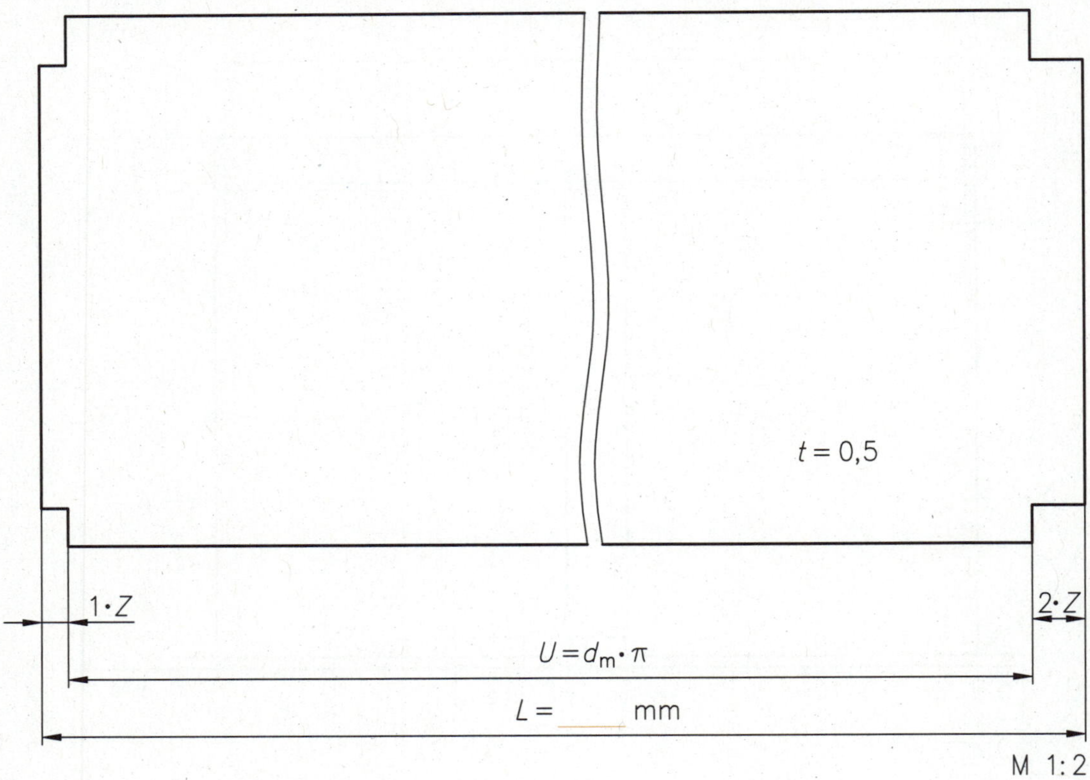

Falzzugabe Z = Falzbreite – 2 · Blechdicke

$Z =$

$Z =$

$Z =$

Zuschnittbreite L = Umfang + 3 · Falzzugabe

$L =$

$L =$

$L =$

$L =$

$L \approx$

2. Behältermantel anfertigen

a) Zuschnitt

b) Falzen des Mantelfalzes

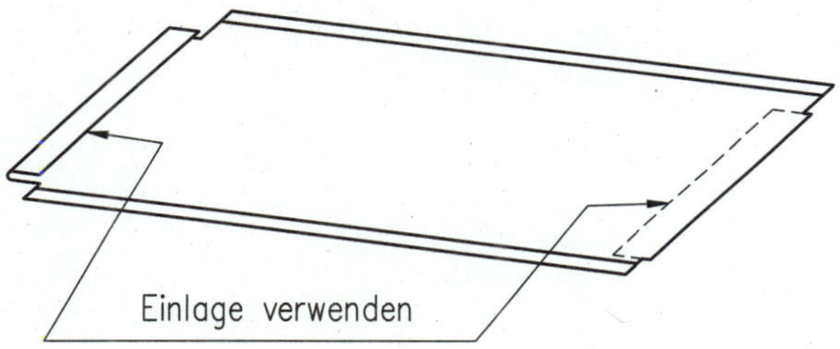

c) Herstellen des Umschlags

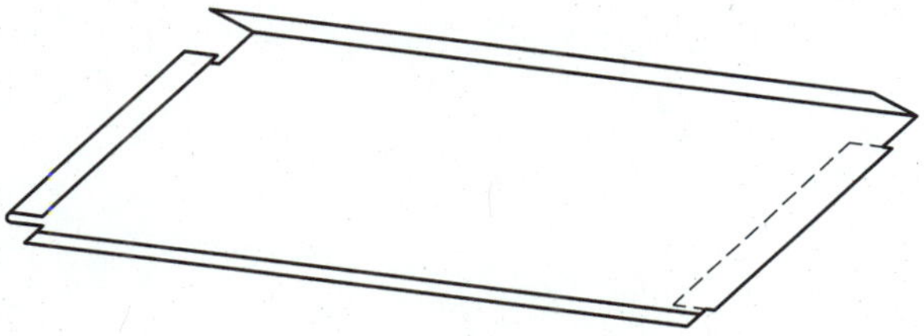

Ankanten

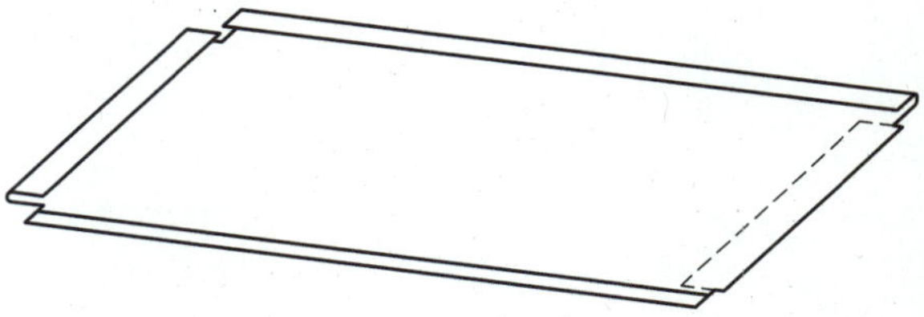

Schließen zum Umschlag

d) Behältermantel runden

Runden mit der Rundmaschine.

Der Behältermantel besitzt auf einer Seite einen Umschlag.
Wie berücksichtigen Sie diesen beim Runden in der Maschine?

e) Behältermantel fertigen

Beschreiben Sie die Arbeitsstufen.

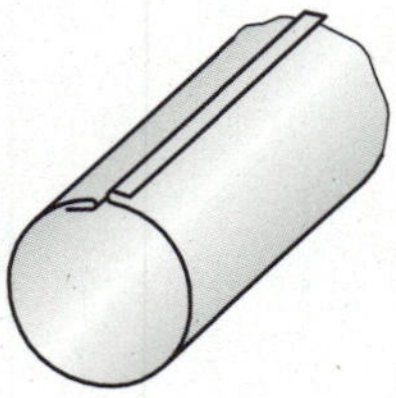

–

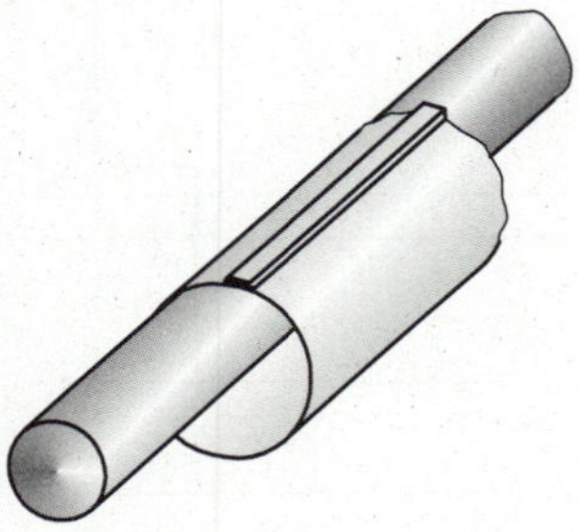

–

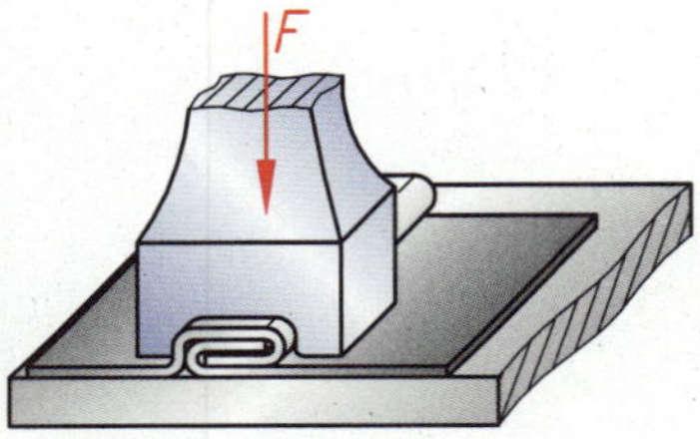

–

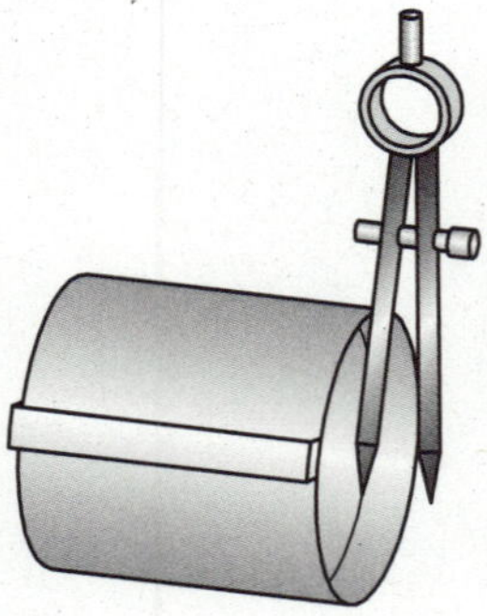

–

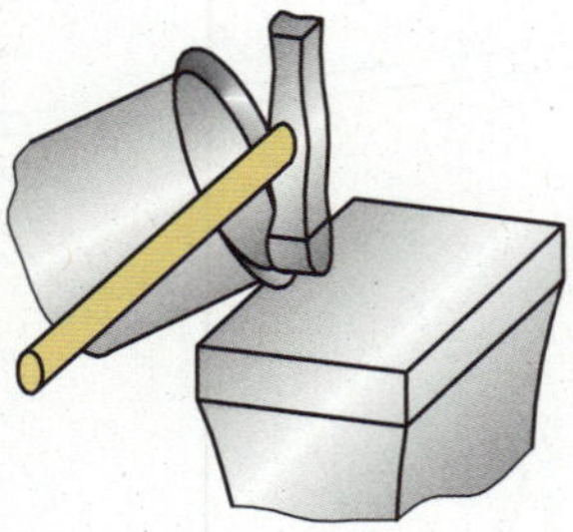

–

B. Behälterboden

Bördeln des Behälterbodens

Beachte!
Der Behälterboden muss mindestens 2 mm größer als der Bördeldurchmesser des Mantels sein.
Der Bördelrand des Mantels kann mit der Blechschere nachgeschnitten und eingepasst werden.

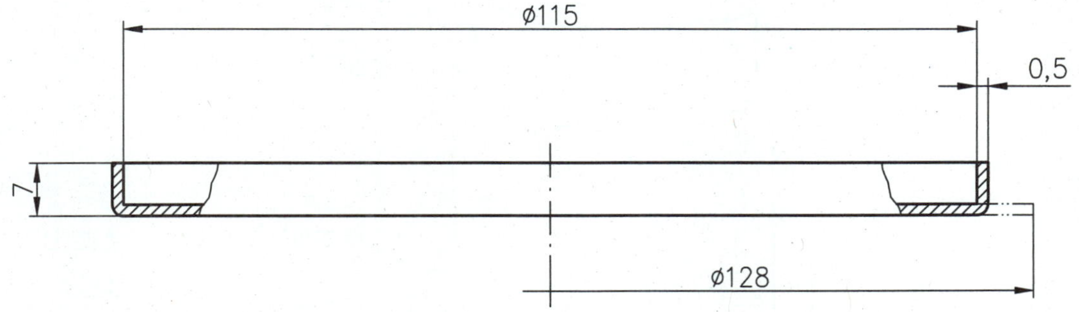

Verantwortl. Abtl.	Techn. Referenz	Erstellt durch	Genehmigt von	
		Dokumentenart	Dokumentenstatus	
		Titel, Zusätzlicher Titel	Werkstoff	
			Änd. / Ausgabedat. / Spr. / Blatt	

C. Zusammenbau des Behälters

Geben Sie auch hier wieder die Arbeitsstufen an.

–

–

–

–

Hammerschläge können die verzinkte Oberfläche des Mantels beschädigen.
Verwenden Sie deshalb ein:

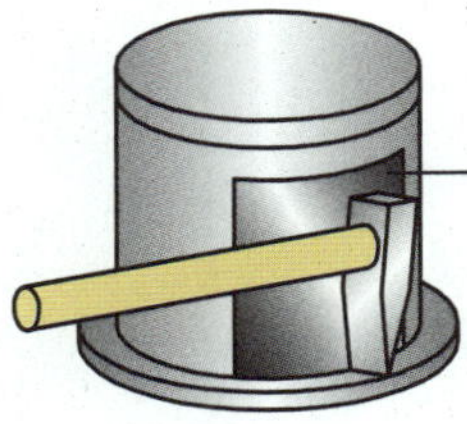

Arbeitsauftrag:
Ein Kunde/die Kundin bestellt in einem Metallbaubetrieb 50 Befestigungsfüße. Sie sollen Holzpfosten für ein Zelt aufnehmen. Der Meister/die Meisterin hat in Absprache mit dem Kunden/der Kundin eine Handskizze mit einigen Grundmaßen und Herstellungsangaben angefertigt.

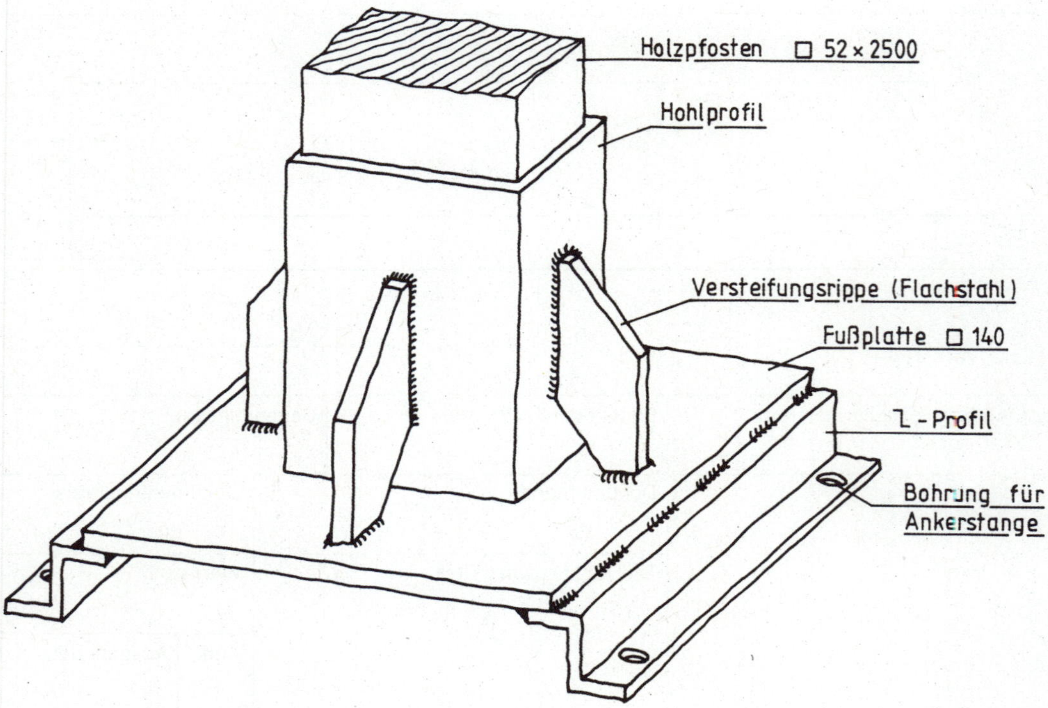

Aufgaben

1. Bestimmen Sie Werkstoffe und Profilgrößen.
2. Erstellen Sie die Stückliste.
3. Zeichnen Sie im Maßstab 1:1 Vorderansicht und Draufsicht vom Befestigungsfuß.
4. Tragen Sie alle notwendigen Schweißnahtangaben in die technische Darstellung ein (MAG-Schweißen Kennnummer 135).
5. Zeichnen Sie im Maßstab 1:1 bzw. 1:2 die Einzelteile mit allen Maßangaben.
6. Die vier Versteifungsrippen und die Fußplatte sollen durch Brenn- oder Plasmaschneiden hergestellt werden.
7. Die vier Bohrungen für die Ankerstangen sollen einen zulässigen maximalen Durchmesser erhalten (Tabellenbuch-Anreißmaße).
8. Windkräfte können das Zeltdach und somit die Holzpfosten aus den Befestigungsfüßen herausziehen. Überlegen Sie geeignete Gegenmaßnahmen.
9. Regenwasser kann den Holzpfosten im Hohlprofil schädigen. Überlegen Sie auch hier Gegenmaßnahmen.
10. Stellen Sie das Werkstück her.

Stückliste

1	2	3	4	5	6
Pos.	**Menge**	**Einheit**	**Benennung**	**Sachnummer/Norm-Kurzbezeichnung**	**Bemerkung**
1			Pfostenhalter		
2			Versteifungsrippe		
3			Fußplatte		
4			Bodenprofil		
5			Durchsteckschraube		
6			Scheibe		
7			Federring gewölbt		
8			Sechskantmutter		

Metallbautechnik	Datum:	Herstellen von Blechbauteilen	Lernfeld 5
Name:	Klasse:	*Befestigungsfuß*	27

Verantwortl. Abtl.	Techn. Referenz	Erstellt durch	Genehmigt von	
		Dokumentenart	Dokumentenstatus	
		Titel, Zusätzlicher Titel	Werkstoff	
			Änd. Ausgabedat.	Spr. Blatt

Bildnachweis: Di Gaspare, Michele (Bild und Technik Agentur für technische Grafik und Visualisierung)

Verantwortl. Abtl.	Techn. Referenz	Erstellt durch	Genehmigt von			
		Dokumentenart	Dokumentenstatus			
		Titel, Zusätzlicher Titel	Werkstoff			
			Änd.	Ausgabedat.	Spr.	Blatt

Bildnachweis: Di Gaspare, Michele (Bild und Technik Agentur für technische Grafik und Visualisierung)

Verantwortl. Abtl.	Techn. Referenz	Erstellt durch	Genehmigt von			
		Dokumentenart	Dokumentenstatus			
		Titel, Zusätzlicher Titel	Werkstoff			
			Änd.	Ausgabedat.	Spr.	Blatt

Bildnachweis: Di Gaspare, Michele (Bild und Technik Agentur für technische Grafik und Visualisierung)

Metallbautechnik	Datum:	**Herstellen von Blechbauteilen**	Lernfeld 5
Name:	Klasse:	*Befestigungsfuß*	27

Verantwortl. Abtl.	Techn. Referenz	Erstellt durch	Genehmigt von	
		Dokumentenart	Dokumentenstatus	
		Titel, Zusätzlicher Titel	Werkstoff	
			Änd. / Ausgabedat. / Spr. / Blatt	

Verantwortl. Abtl.	Techn. Referenz	Erstellt durch	Genehmigt von	M 1: 2
		Dokumentenart	Dokumentenstatus	
		Titel, Zusätzlicher Titel	Werkstoff	
			Änd. / Ausgabedat. / Spr. / Blatt	

Metallbautechnik	Datum:	**Herstellen von Blechbauteilen** *Befestigungsfuß*	Lernfeld 5
Name:	Klasse:		27

Verantwortl. Abtl.	Techn. Referenz	Erstellt durch	Genehmigt von
		Dokumentenart	Dokumentenstatus
		Titel, Zusätzlicher Titel	Werkstoff
		Änd.	Ausgabedat. / Spr. / Blatt

Erklären Sie die verwendeten Schweißsymbole.

Bildnachweis: Di Gaspare, Michele (Bild und Technik Agentur für technische Grafik und Visualisierung)

Metallbautechnik	Datum:	**Herstellen von Konstruktionen aus Profilen**	Lernfeld 6
Name:	Klasse:	***Stahlprofile im Metallbau***	**1**

Im Metallbau werden überwiegend Halbzeuge aus Stahl verwendet. Diese können alle Arten von Festigkeit aufnehmen und sind gut schweißbar.
Durch Legieren mit anderen Metallen erhält man rostfreie Stähle.

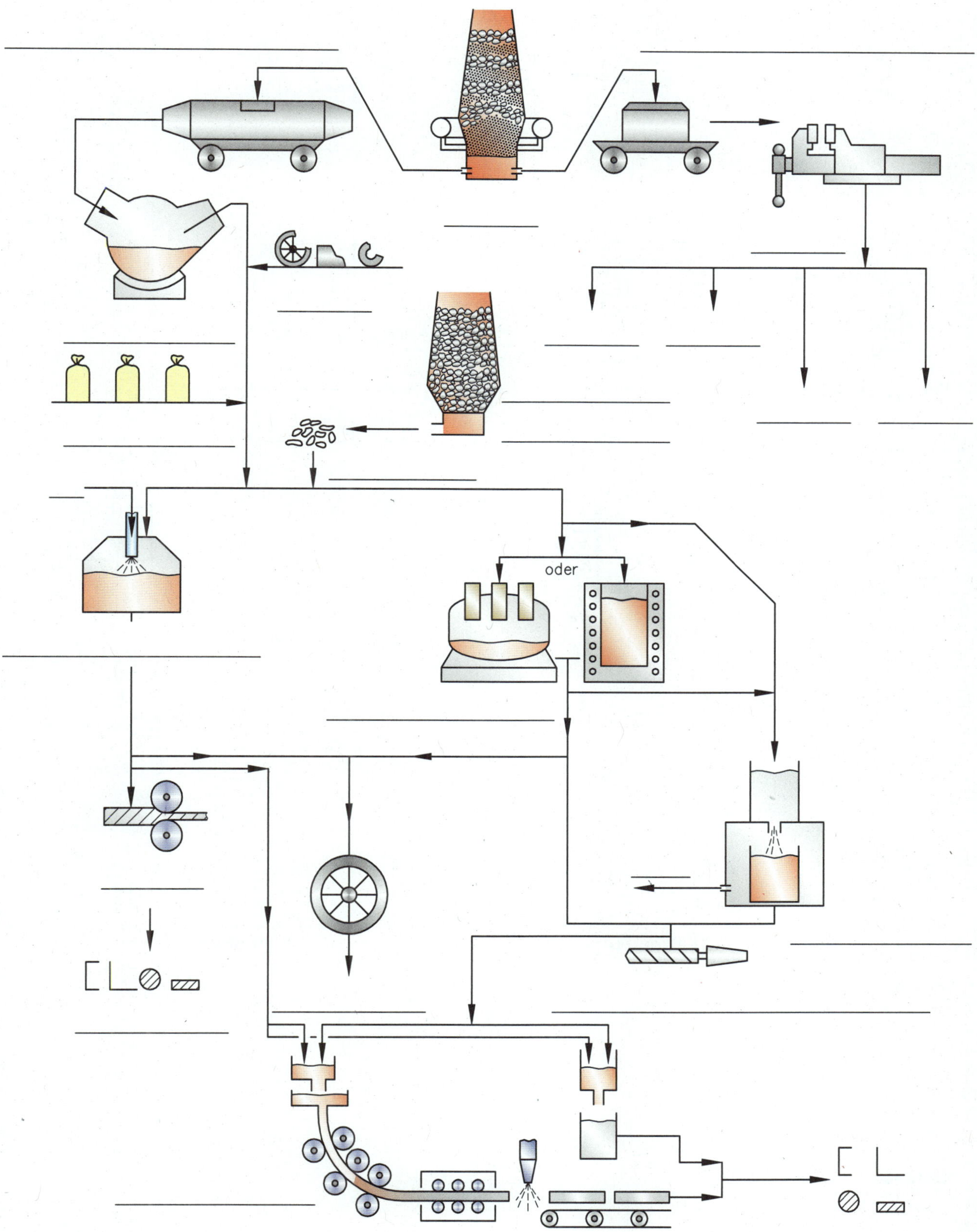

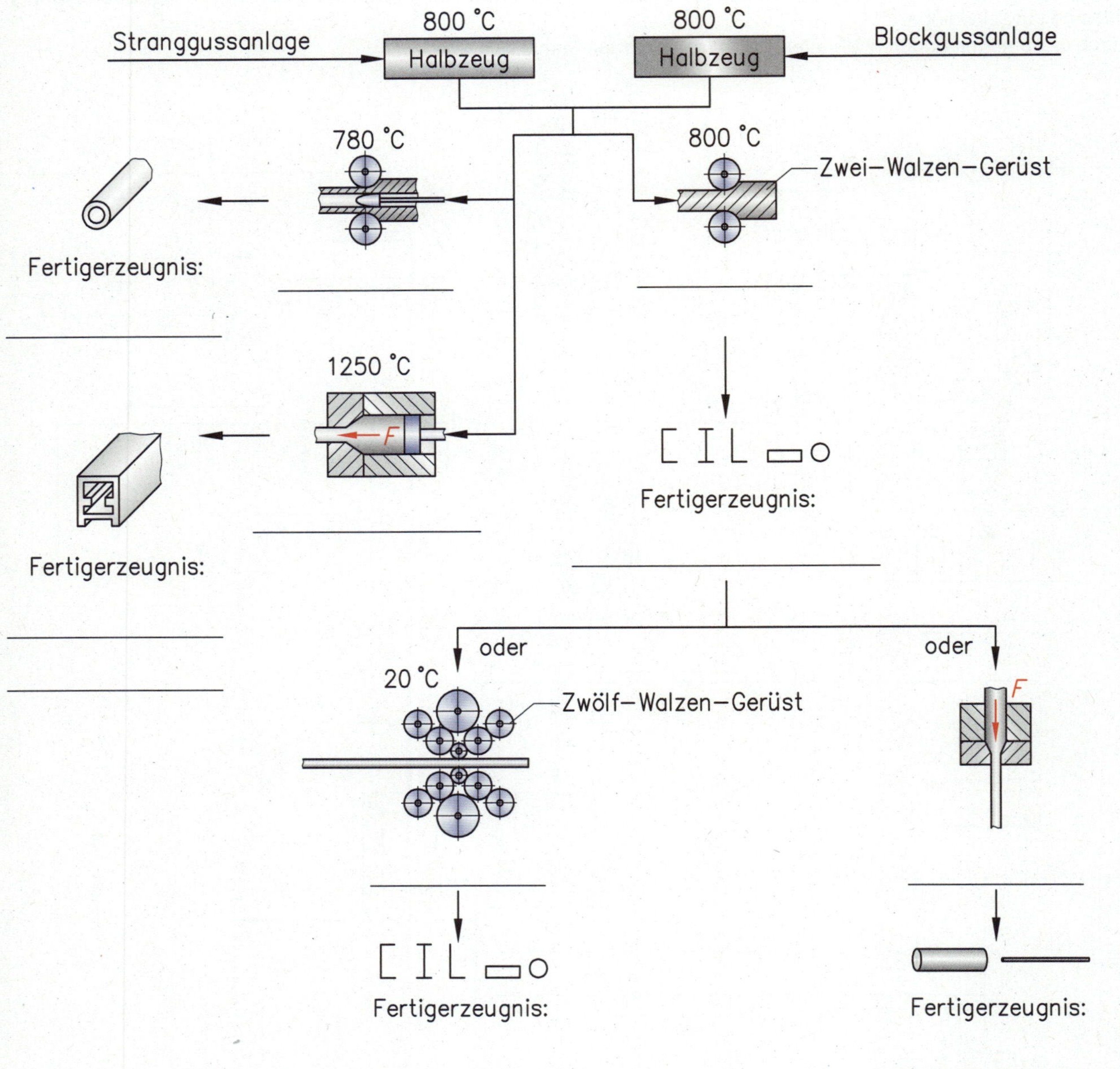

	Kaltwalzen	**Warmwalzen**
Vorteile		
Nachteile		

Metallbautechnik	Datum:	Herstellen von Konstruktionen aus Profilen	Lernfeld 6
Name:	Klasse:	*Stahlprofile im Metallbau*	1

A. Warmwalzerzeugnisse

Formstähle (Steghöhe > 80 mm)	
Stabstähle	
Stabstähle (Steghöhe < 80 mm)	
Wabenträger	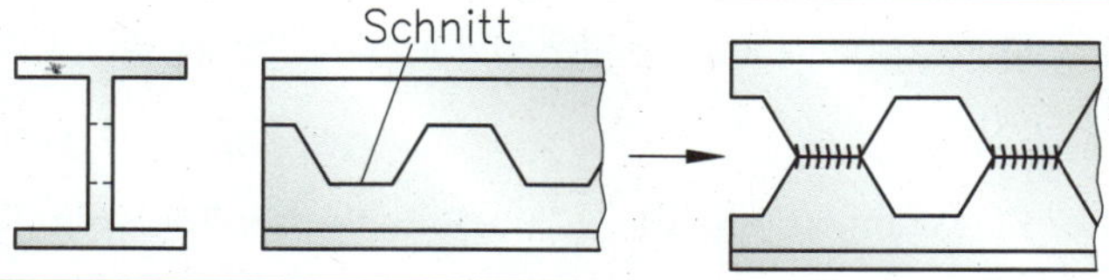
Rohre	
Bleche	Feinbleche ($t = 0{,}5$ bis 3 mm) Mittelbleche ($t = 3$ bis 4,75 mm) Grobbleche ($t > 4{,}75$ mm)
Bleche mit Musterung	Riffel-, Tränen- und Warzenbleche
Lochbleche	Lochung bis zum Blechrand Lochung bis zu den Randstreifen
Bänder	$t \leq 1{,}2$ mm
Drähte	verschiedene Durchmesser

B. Kaltwalzerzeugnisse

Der Werkstoff wird durch eine sich verengende Matrize gezogen.

1. Rohre

Hohlzug

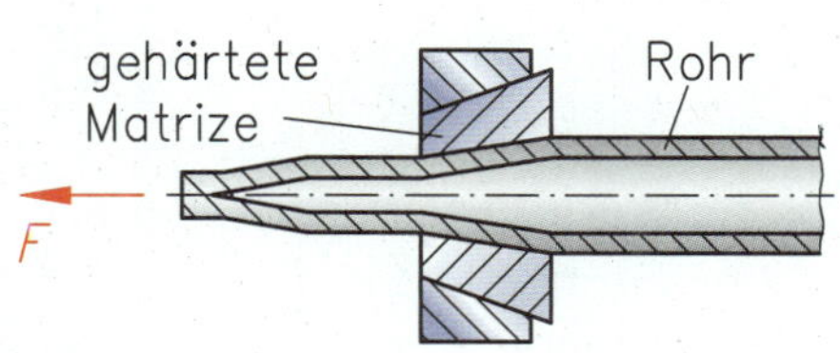

Vorteil:

Dorn- oder Stopfenzug

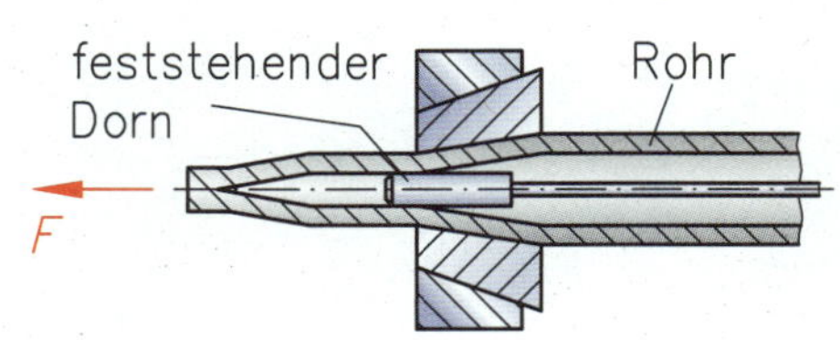

Vorteil:

2. Hohlprofile

Rahmenprofile (RP-Profile) werden aus Stahlblechstreifen kalt geformt, geschweißt und anschießend kaltgewalzt oder kaltgezogen.

RP-Profile für Fenster- und Türrahmenbau (Beispiele)

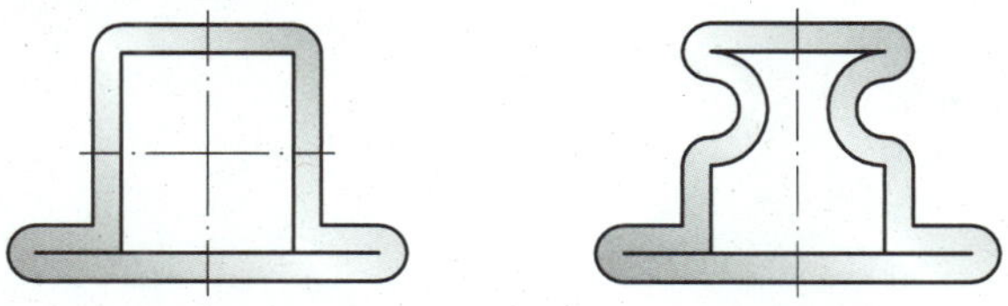

RP-Profile für Stahltore, Brückengeländer und Ankerschienen (Auswahl)

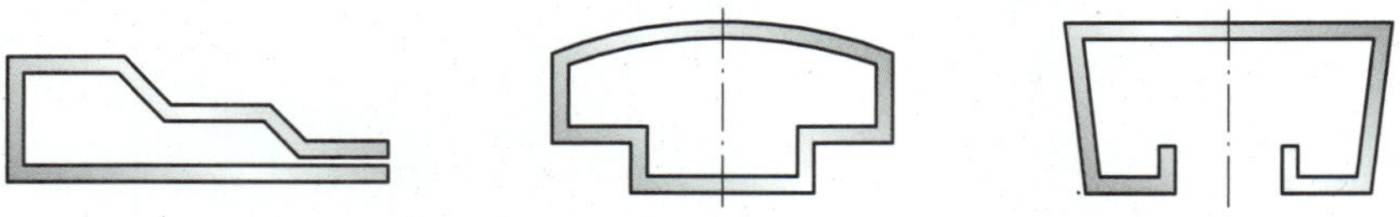

C. Legierte Stahlprofile

Hoch legierte Stahlprofile werden für Fenster, Türen, Geländer, Fassadenverkleidungen und Behälter verwendet. Es sind nicht rostende Stähle und werden als „Edelstahl rostfrei" bezeichnet.

Hauptlegierungselement ist Chrom (mindestens 10,5 %). Weitere Legierungszusätze können Nickel, Titan und Molybdän sein. Der Kohlenstoffgehalt beträgt max. 1,2 %.

Profile aus rostfreiem Edelstahl

Stabstähle: Quadrat-, Sechskant-, Rund-, Halbrund-, Winkelstahl, I-Stähle und U-Stähle (Steghöhe < 80 mm)

Rostfreier Edelstahl		
Ferritischer Edelstahl ist mit Cr legiert	**Martensitischer Edelstahl ist mit Cr und Ni legiert**	**Austenitischer Edelstahl ist mit Cr, Ni und Mo legiert**
Verminderte Korrosionsbeständigkeit	Gute Korrosionsbeständigkeit	Sehr gute Korrosionsbeständigkeit
Verminderte Schweißbarkeit	Verminderte Schweißbarkeit (Rissbildung)	Gute Schweißbarkeit
Mittlere Kaltumformbarkeit	Mittlere Kaltumformbarkeit	Gute Kaltumformbarkeit
Magnetisch	Magnetisch	Unmagnetisch

Wählen Sie aus der Tabelle den geeigneten Werkstoff für Konstruktionen aus Edelstahl.

Weitere Fertigerzeugnisse:

D. Herstellen von Stahlprofilen durch Strangpressen

Komplizierte Hohlprofile aus Stahl können durch Walzen oder Ziehen nicht hergestellt werden. Nennen Sie ein Herstellungsverfahren, bei dem dies möglich ist.

Vorgang:

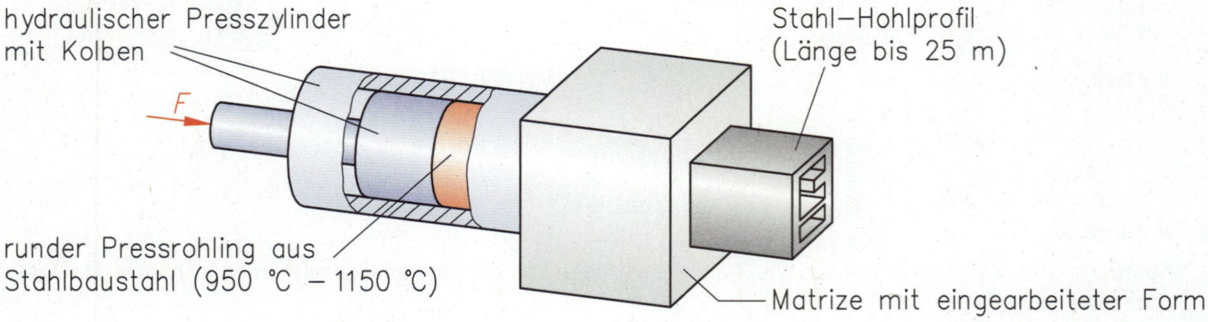

Nennen Sie Stahlstrangpressprofile.

E. Herstellen von Stahlrohren

1. Geschweißte Stahlrohre, hergestellt durch Kaltwalzen

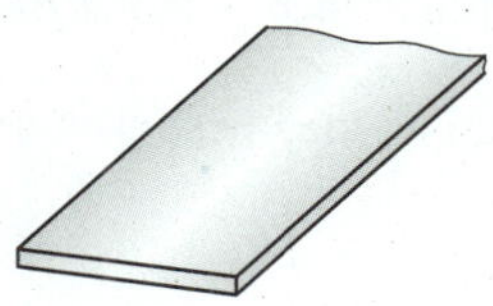

Rohrüberzug

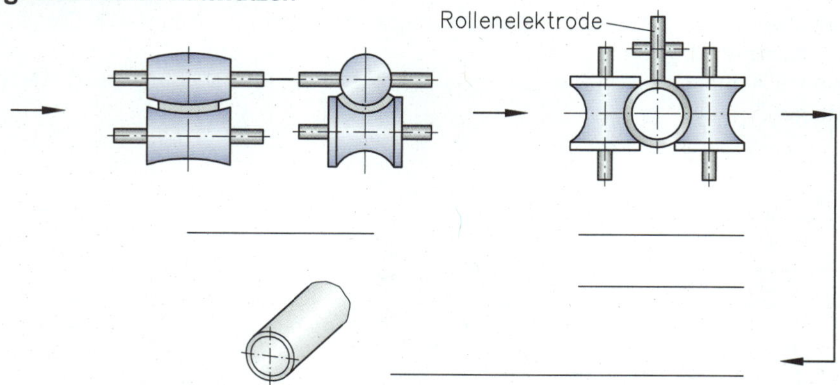

Ausführung	Kurzzeichen
schwarz	–
verzinkt	B
Nichtmetall außen	C
Nichtmetall innen	D

Normung

2. Nahtlose Stahlrohre, hergestellt durch Warmwalzen

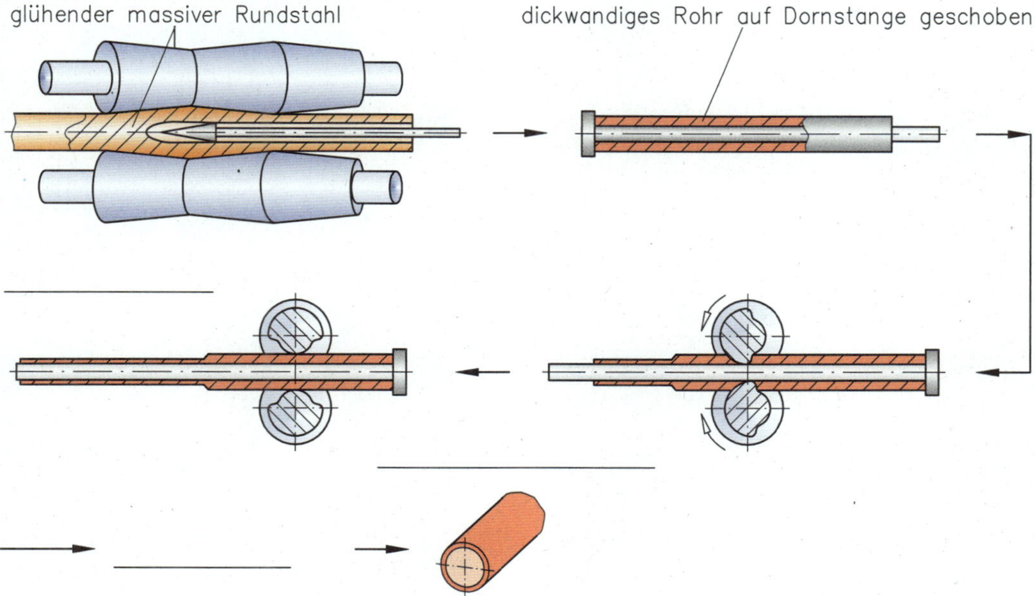

Normung

A. Herstellung von Aluminiumhalbzeugen, Handelsformen

Für die Herstellung von Fenstern, Türen, Fassaden, Geländern u. Ä. werden häufig Aluminiumprofile verwendet. Mit dem Sauerstoff der Luft bildet sich an der Oberfläche Aluminiumoxid. Diese dichte Schicht schützt das Aluminium vor weiterer Korrosion.
Reines Aluminium ist für die technische Anwendung unbrauchbar. Durch Legieren werden Festigkeit und Härte gesteigert.

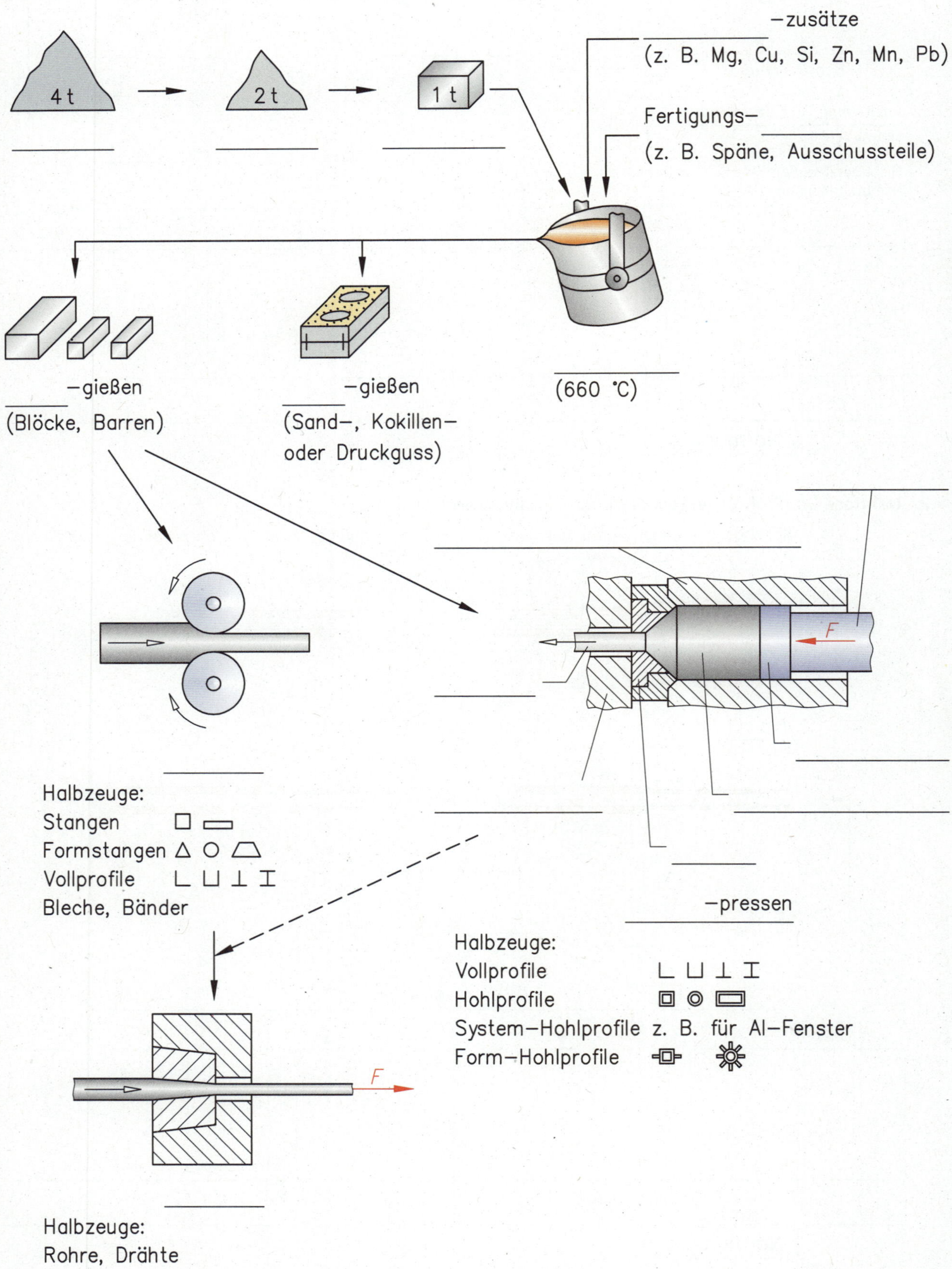

B. Aluminiumprofile

1. Aluminiumvollprofile (Auswahl)

<table>
<tr><th></th><th></th><th>Beispiel</th><th>Beschreibung</th><th>Kurzzeichen</th></tr>
<tr><td rowspan="5">DIN EN 755-9</td><td>DIN 9712*</td><td>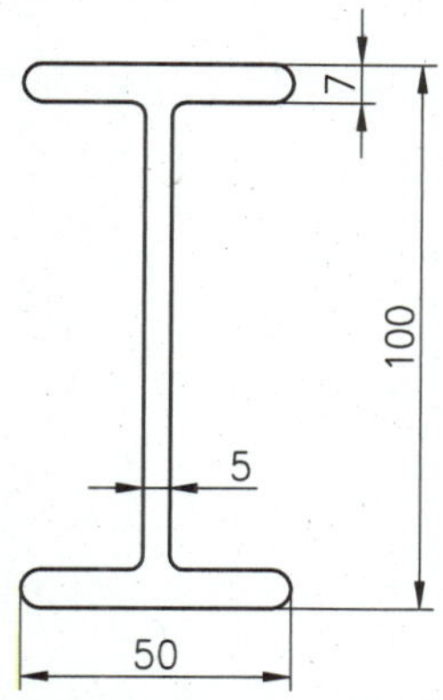
</td><td>Al-____-Profil mit 100 mm ____
und 50 mm ____
____ = ____ mm
____ = ____ mm
Werkstoff: EN AW-5083
Werkstoffzustand: Kaltverfestigt
Kanten: Gerundet</td><td></td></tr>
<tr><td></td><td colspan="3">Bei nicht gerundeten Kanten entfällt das R. Anstelle von R kann S (= scharfe Kanten) gesetzt werden.</td></tr>
<tr><td>DIN 9714*</td><td>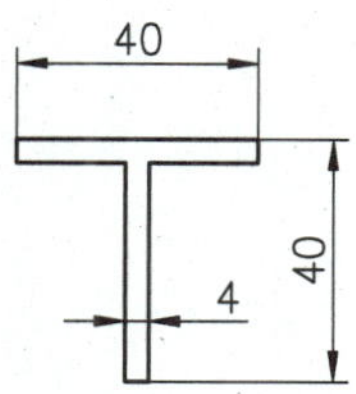
</td><td>Al-____-Profil mit einer ____ von
40 mm und gleicher ____.
____ = ____ mm
Werkstoff: EN AW-5754
Werkstoffzustand: Weichgeglüht
Kanten: Scharf</td><td></td></tr>
<tr><td>DIN 1771*</td><td>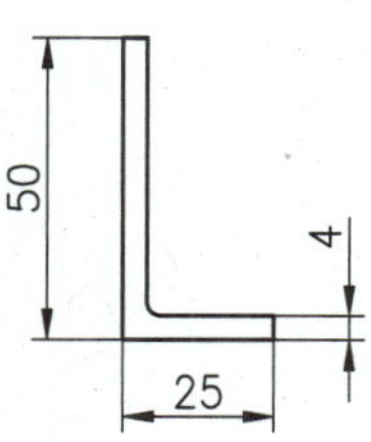
</td><td>Al-____-Profil mit einer ____ von
50 mm und 25 mm ____.
____ = ____ mm
Werkstoff: EN AW-6060
Werkstoffzustand: Warmbehandelt
Kanten: Scharf</td><td></td></tr>
<tr><td>DIN 9713*</td><td>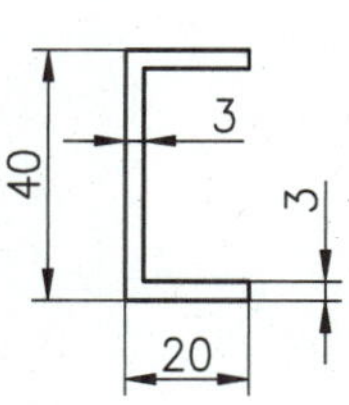
</td><td>Al-____-Profil mit einer ____ von
40 mm und 20 mm ____.
____ = ____ mm
____ = ____ mm
Werkstoff: EN AW 5005
Werkstoffzustand: Kaltverfestigt
Kanten: Scharf</td><td></td></tr>
</table>

* zurückgezogen

Metallbautechnik	Datum:	**Herstellen von Konstruktionen aus Profilen**	Lernfeld 6
Name:	Klasse:	***Aluminiumprofile im Metallbau***	**2**

2. Aluminiumhohlprofile (Auswahl)

DIN EN 754-7 ⟶ gezogen DIN EN 755-7 ⟶ stranggepresst

	Beispiel	Beschreibung	Kurzzeichen
DIN EN 754-4	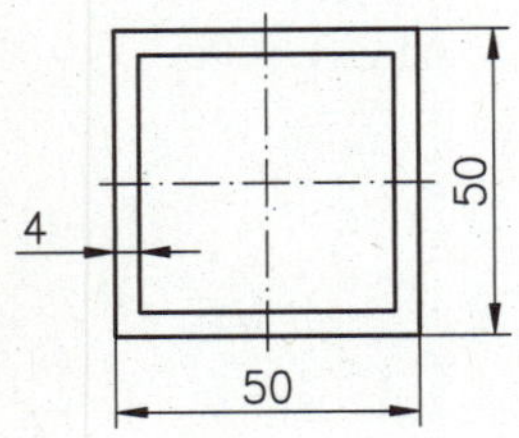	Al-______ mit einer ______ von 50 mm und 4 mm ______. Werkstoff: EN AW-6060 Werkstoffzustand: Kaltverfestigt Herstellung: Gezogen	
DIN EN 754-7 DIN EN 755-7	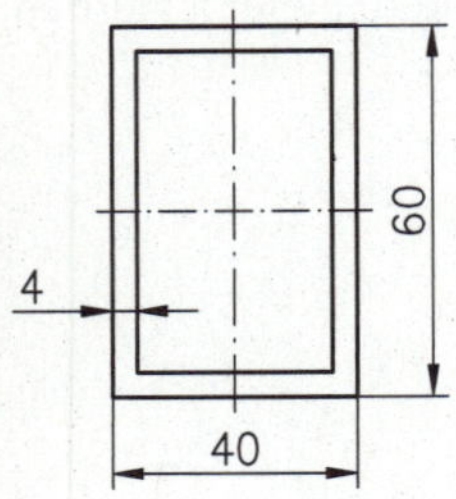	Al-______ mit 40 mm ______, 60 mm ______ und einer ______ von 4 mm. Werkstoff: EN AW-6082 Werkstoffzustand: Weich geglüht Herstellung: Stranggepresst	
DIN EN 754-7 DIN EN 755-7	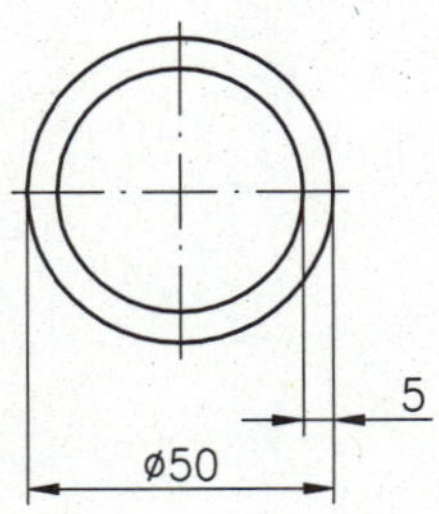	Nahtloses Al-______-Rohr mit einem ______ von 50 mm. Die ______ beträgt 5 mm. Werkstoff: EN AW-5754 Werkstoffzustand: Allgemein Herstellung: Gezogen	

Bildnachweis: Di Gaspare, Michele (Bild und Technik Agentur für technische Grafik und Visualisierung)

3. Aluminiumstangen (Auswahl)

DIN EN 754-3 ⟶ gezogen DIN EN 754-5 ⟶ stranggepresst

	Beispiel	Beschreibung	Kurzzeichen
DIN EN 754-3 DIN EN 754-5	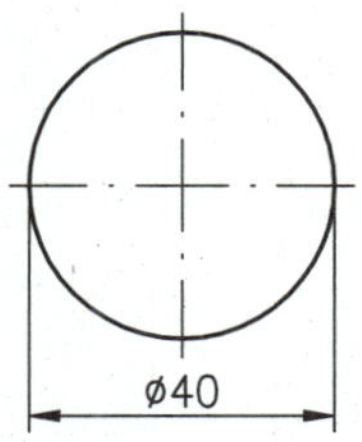	Al-________ mit 40 mm ________ . Werkstoff: EN AW 6012 Werkstoffzustand: Gezogen	
DIN EN 754-3 DIN EN 754-5	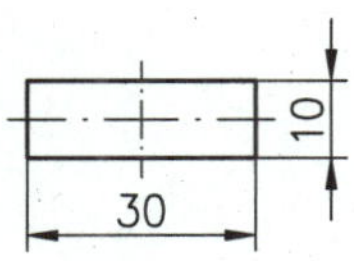	Al-________ , ________ = 30 mm ________ = 10 mm . Werkstoff: EN AW 6082 Werkstoffzustand: Stranggepresst Kanten: Scharf	
DIN EN 754-3 DIN EN 754-5	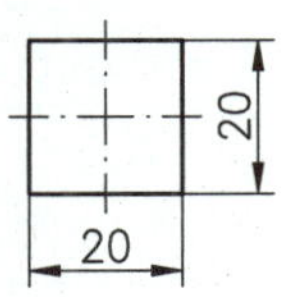	Al-________ mit 20 mm ________ . Werkstoff: EN AW 2024 Werkstoffzustand: Gezogen Kanten: Scharf	

4. Aluminiumtrapezprofile

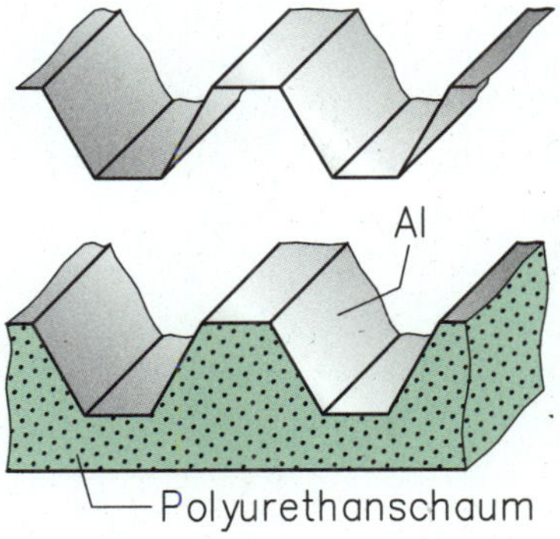

Verbund-Trapez-Profilplatte

Verwendung: ________

Vorteil: ________

5. Aluminiumbleche

Hergestellt werden sie als

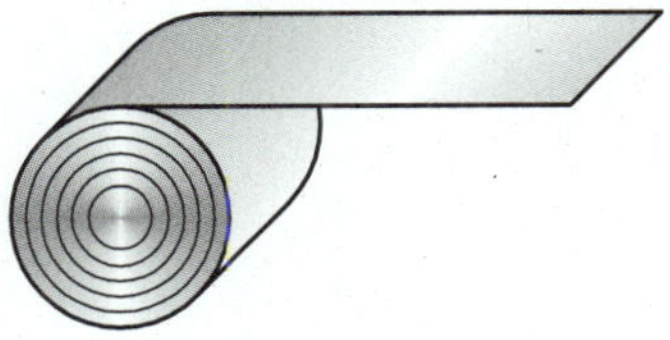

________ und

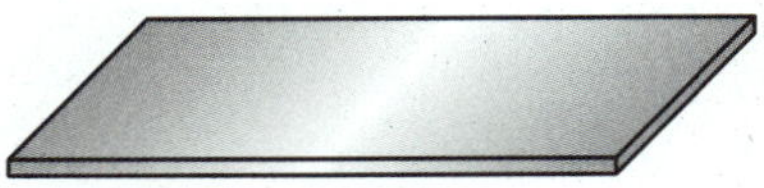

____

(mit und ohne eingewalzte Muster)

C. Glühen von Aluminium

Beim Umformen im kalten Zustand verfestigt sich das Aluminiumgefüge. Diese Kaltverfestigung wird durch Glühen wieder rückgängig gemacht. Wie verändern sich durch Glühen folgende Eigenschaften? Streichen Sie unzutreffendes.

Härte	vergrößert – verringert sich
Festigkeit	vergrößert – verringert sich
Dehnung	vergrößert – verringert sich
Zähigkeit	vergrößert – verringert sich
Umformbarkeit	vergrößert – verringert sich

Glühvorgang

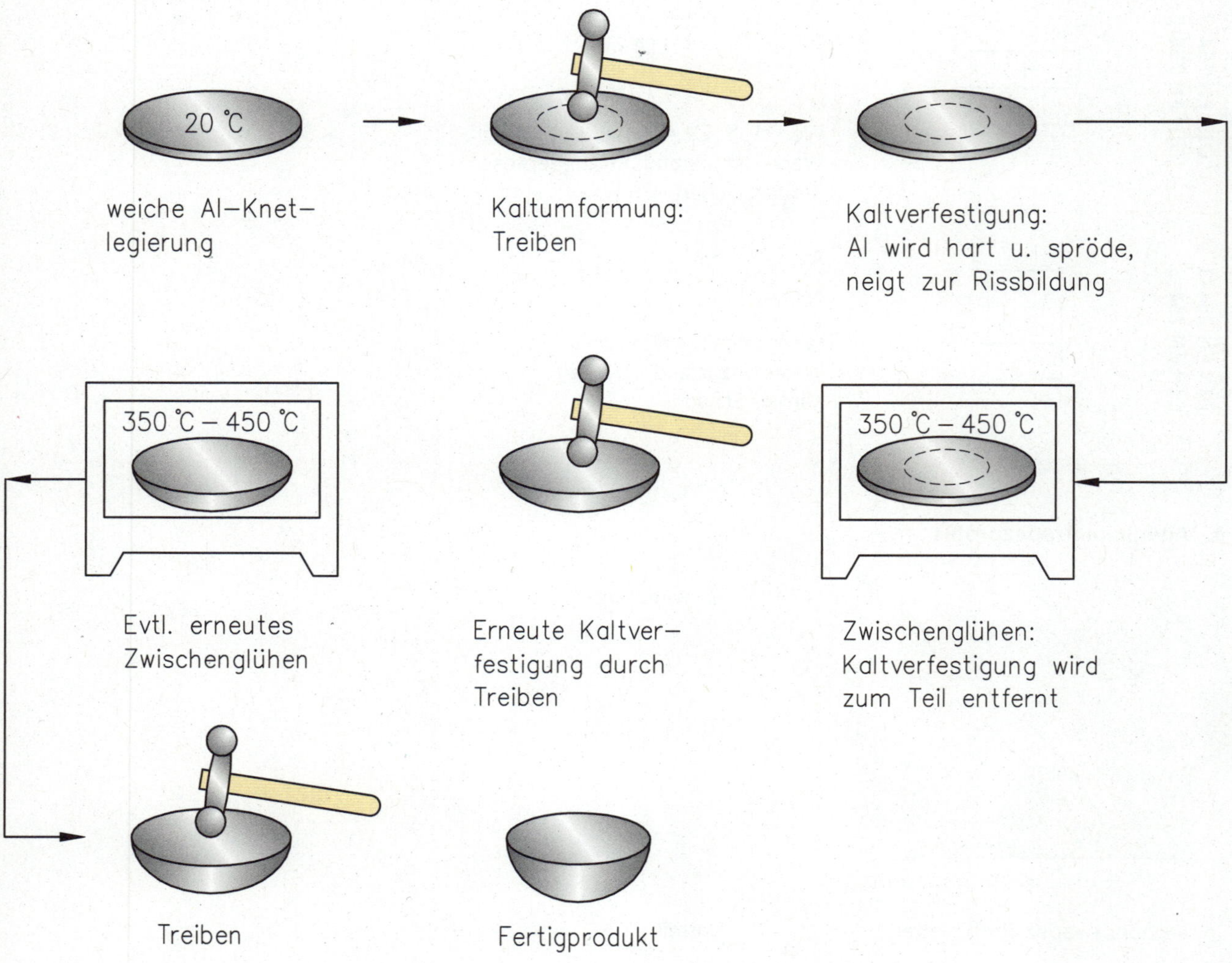

1. Aufgabe: Für den Außenbereich soll ein Handlauf aus rostfreiem Edelstahlrohr (⌀ 30 x 3) gefertigt werden. Er wird nach Maß gebogen und an ein Geländerfeld angeschweißt.
Durch die Unachtsamkeit eines Mitarbeiters wurden im Lager die ferritischen, martensitischen und austenitischen rostfreien Edelstähle vertauscht.

a) Welchen rostfreien Edelstahl wählen Sie für den Handlauf aus?

b) Begründen Sie Ihre Entscheidung.

c) Wie unterscheidet sich der augewählte Edelstahl von den anderen Edelstählen?

d) Wählen Sie aus dem Tabellenbuch einen geeigneten Werkstoff aus.

Z. B.

e) Wie lautet die Normbezeichnung des Edelstahlrohrs?

Z. B.

f) Wie groß ist der Kohlenstoffgehalt des ausgewählten Edelstahls?

Z. B.

2. Aufgabe: Für eine Stahlkonstruktion wird ein warmgewalzter U-Stahl (DIN 1026) mit einer längenbezogenen Masse $m' = 22$ kg/m verwendet. Die Profillänge beträgt 5 m.
Bestimmen Sie die Fragen a bis d mithilfe des Tabellenbuchs.

a) Wie groß ist die Höhe h (mm)? $h =$ ______ mm

b) Bestimmen Sie die Stegdicke s (mm). $s =$ ______ mm

c) Wie viel dm³ ist das Widerstandsmoment W_x? $W_x =$ ______ = ______ dm³

d) Wie lautet die Normbezeichnung des U-Stahls?

3. Aufgabe: Für eine Hallenkonstruktion benötigt man einen 6 m langen warmgewalzten I-Stahlträger nach DIN 1025-5.
Die Querschnittsfläche beträgt 3910 mm². Bestimmen Sie:

a) Das Normkurzzeichen ______

b) Das Volumen des Trägers (dm³)

c) Die Masse des Stahlträgers

d) Die längenbezogene Masse (kg/m) und vergleichen Sie das Ergebnis mit dem Tabellenwert.

e) Die Normbezeichnung des Trägers

4. Aufgabe: Ein warmgefertigtes rechteckiges Stahlhohlprofil (DIN EN 10210-2) ist 60 mm breit und 40 mm hoch. Die Wandstärke beträgt 4 mm.

Einbaulage: 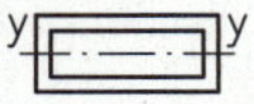

a) Wie lautet die Normbezeichnung des Profilwerkstoffs? ______________

b) Erklären Sie die Werkstoffnormbezeichnung.

c) Bestimmen Sie das Widerstandsmoment (cm³).

5. Aufgabe: Ein NE-Metall-Profil hat die Normbezeichnung:
T-Profil DIN 9714 R 30 x 30 x 3 – EN AW 6060.

a) Aus welchem Werkstoff besteht das Profil?

b) Was bedeutet der Buchstabe „R"?

c) Wie viel g/cm³ ist die Dichte ρ dieses NE-Metalls?

6. Aufgabe:

Schmaler -Träger DIN 1025 – 1		**Mittelbreiter IPE-Täger DIN 1025 – 5**	
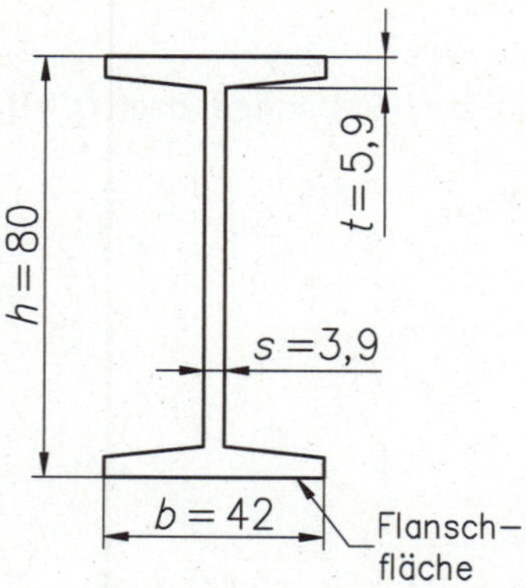	S = 7,57 cm² m' = 5,94 kg/m W_x = 19,5 cm³ W_y = 3 cm³	S = 7,64 cm² m' = 6 kg/m W_x = 20 cm³ W_y = 3,69 cm³	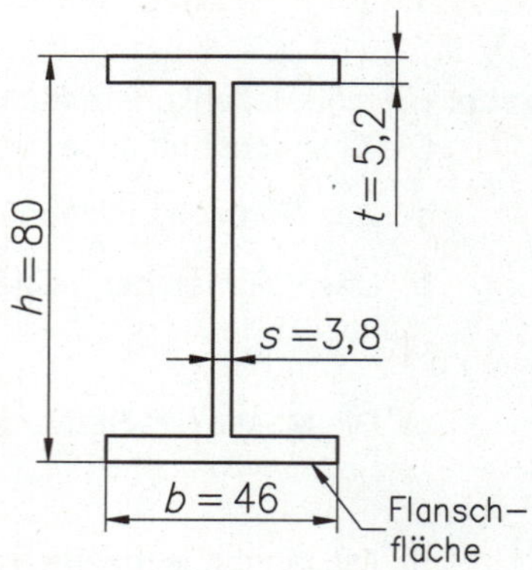

Beide Träger haben annähernd gleiche Maße, Querschnittsflächen, längenbezogene Massen und Widerstandsmomente.
Einer der beiden Träger soll mit der Flanschfläche durch Sechskantschrauben und Muttern befestigt werden. Welchen I-Träger wählen Sie aus? Begründen Sie Ihre Auswahl.

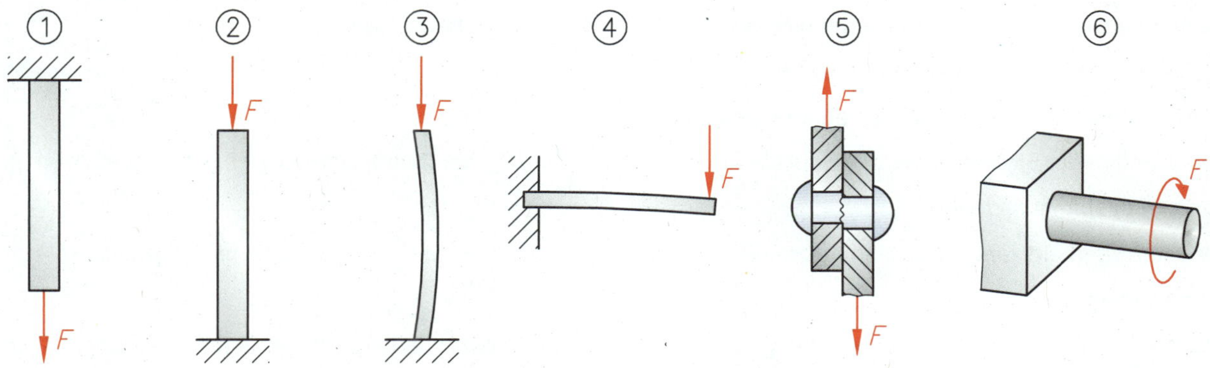

Ordnen Sie zu: Knickung, Zug, Verdrehung, Druck, Scherung, Biegung.

	Art der Beanspruchung	Beispiel
1		
2		
3		
4		
5		
6		

A. Beanspruchung auf Zug

1. Zugspannung

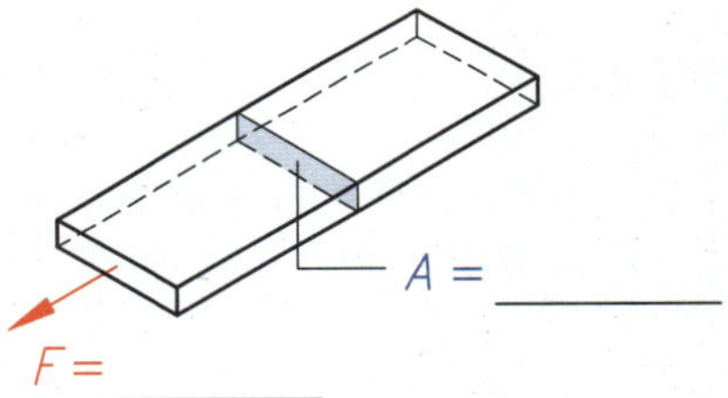

Flachstahl mit einer Querschnittsfläche von 40 mm²
wird mit der Zugkraft von 3 200 N belastet.
Wie groß ist die auftretende Zugspannung?

Die Zugspannung gibt an, welche Kraft in N auf 1 mm² Querschnittsfläche entfällt.

Formelzeichen: ______ (Sigma Zug)

Benennung: ______

______ mm² ⟶ ______ N

______ mm² ⟶ ______ = ______

Zugspannung = ______ $\sigma_z =$ (N/mm²) *F* in ______ *A* in ______

Häufig wird die Fläche *A* auch mit *S* (= Spannungsfläche) abgekürzt.

2. Zulässige Zugspannung

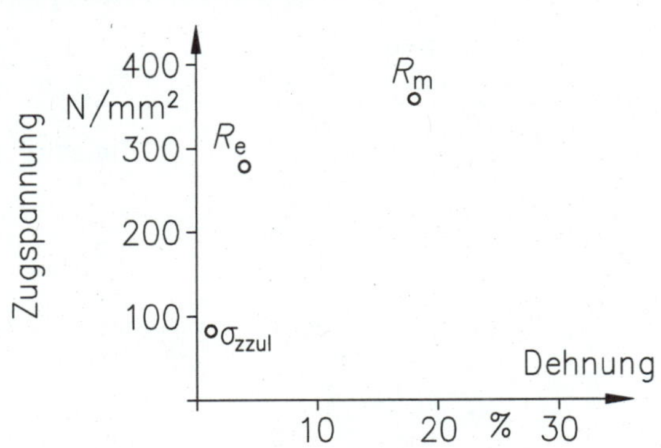

Beispiel:

Mindestzugfestigkeit	R_m	= 360 N/mm²
Streckgrenze	R_e	= 270 N/mm²
Zulässige Zugspannung	$\sigma_{z\,zul}$	= 90 N/mm²

Aufgabe:
Zeichnen Sie in das Diagramm die Dehnung im Verhältnis zur Zugspannung ein, verwenden Sie dazu die bereits eingezeichneten drei Punkte.

Metallbautechnik	Datum:	Herstellen von Konstruktionen aus Profilen	Lernfeld 6
Name:	Klasse:	*Arten der Beanspruchung*	3

Damit Bauteile nicht bleibend verformt werden, darf der Werkstoff nicht bis zur seiner ______________________ ______________________, sondern höchstens bis zur ______________________ belastet werden. Dies wird manchmal auch als Grenzspannung σ_{lim} bezeichnet.

Aus Gründen der Sicherheit werden Bauteile aber nur mit einem Teil ihrer Mindeststreckgrenze belastet. Diese geringere Zugspannung heißt ______________________.

Welche Sicherheitszahl ν (nü) ist im letzten Beispiel mit R_e = 270 N/mm² und $\sigma_{z\,zul}$ = 90 N/mm² vorhanden?

Sicherheitszahl ν = ________, weil ______________________ ist.

Wie Sie bereits kennengelernt haben, hängt die Größe der Sicherheitszahl auch vom jeweiligen Belastungsfall ab:

Belastungsfall I	Belastungsfall II	Belastungsfall III
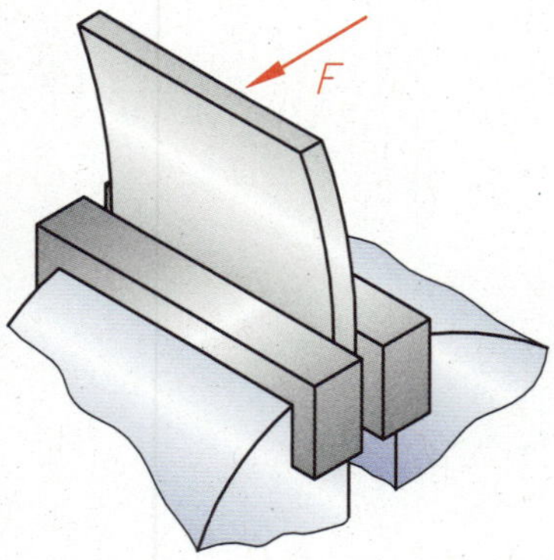	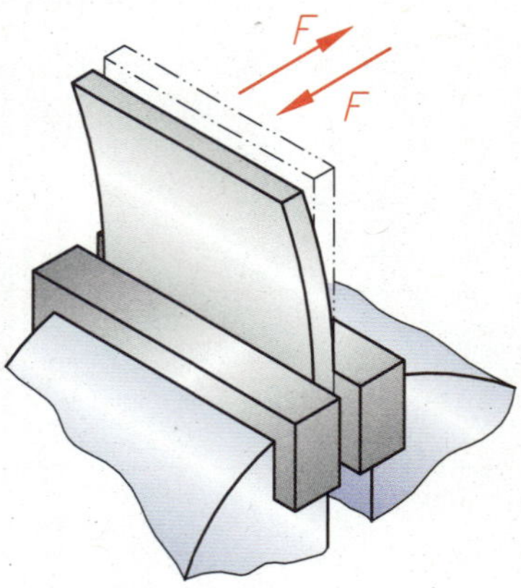	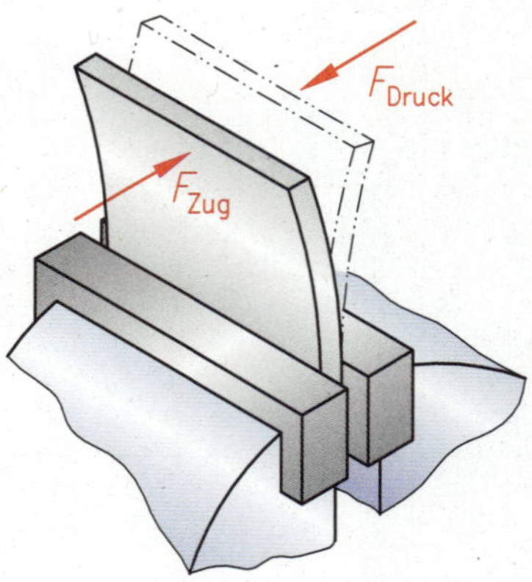
Belastung setzt ein, steigt bis zum Höchstwert an und bleibt während der Belastungszeit gleich.	Belastung steigt von Null bis zum Spannungshöchstwert und geht in die Ausgangslage zurück. Das Blech „schwillt“.	Belastung wechselt nach links und rechts.
Zeichnen Sie die Belastungskurve. 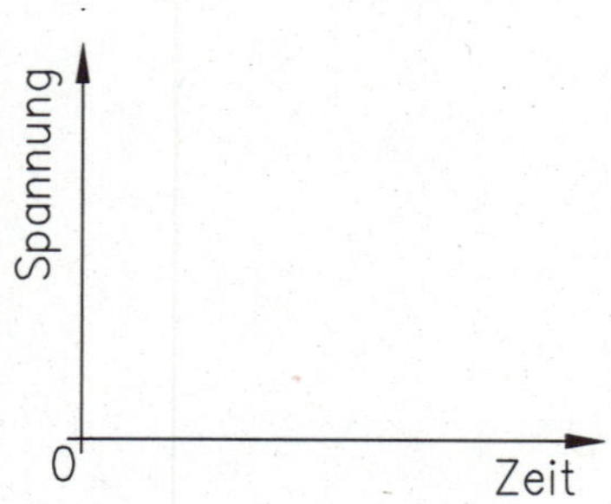 ______________________ Belastung	Zeichnen Sie die Belastungskurve. 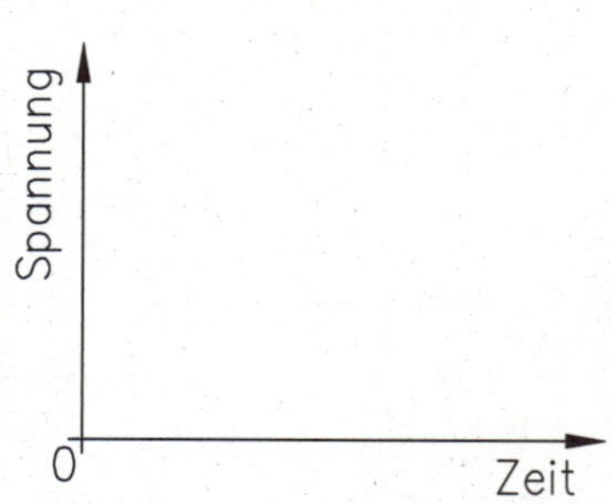 ______________________ Belastung	Zeichnen Sie die Belastungskurve. 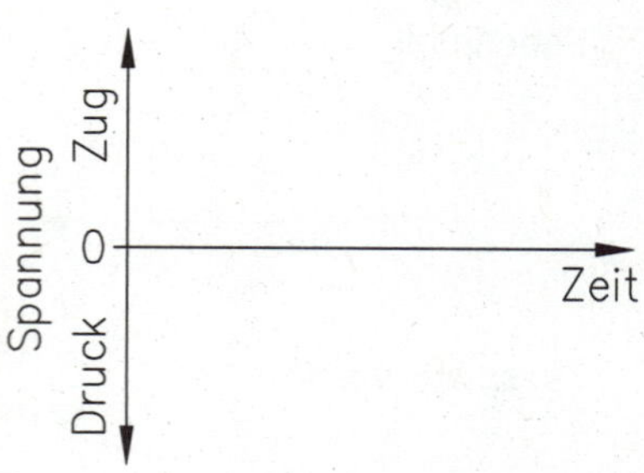 ______________________ Belastung
______________ Belastung	______________ Belastung	

Bildnachweis: Di Gaspare, Michele (Bild und Technik Agentur für technische Grafik und Visualisierung)

Berechnen Sie die zulässige Zugspannung eines T-Profils (DIN EN 10055 – S235 JR) für den Belastungsfall II und 2,5-facher Sicherheit.
Entnehmen Sie die Streckgrenze bzw. die Grenzspannung einem Tabellenbuch.

Geg.: ______________________

Ges.: ______

Bei einfacher Sicherheit ⟶ ______ N/mm²

bei ______ -facher Sicherheit ⟶ ______ = ______ N/mm²

$\sigma_{z\ zul}$ = ______ (N/mm²) ______ in ______

Merke: Bei spröden Werkstoffen (z. B. Gusseisen) wird nicht mit R_e, sondern mit R_m gerechnet.

1. **Aufgabe:** Eine Zugstange mit 160 mm² Querschnitt wird mit der Kraft von 20 kN belastet.
   Berechnen Sie die auftretende Zugspannung.

2. **Aufgabe:** In einer Stahlbaukonstruktion wird Flachstahl aus S185 mit 30 x 6 mm Querschnitt auf Zug belastet.
   Wie viel kN Zugkraft kann der Flachstahl aufnehmen?

3. **Aufgabe:** Welche Zugkraft in (kN) darf ein Quadratstahl S180 30 x 30 mm bei wechselnder Belastung aufnehmen, wenn dreifache Sicherheit vorzusehen ist? Der R_e-Wert verringert sich dadurch auf 162 N/mm².

4. Aufgabe: Ein Rundstahl wird mit 14,4 kN auf Zug belastet.
Welchen genormten Durchmesser (in mm) muss der Rundstahl mindestens haben, wenn die Grenzspannung bei 180 N/mm^2 liegt und 2,5-fache Sicherheit vorzusehen ist?

5. Aufgabe: Ein Drahtseil besteht aus acht Litzen mit je 17 Drähten von 0,3 mm Durchmesser.

a) Welche Zugspannung (in N/mm^2) liegt bei einer Belastung von 5 000 N vor?

b) Wird das Drahtseil mit 11,5 kN belastet, ist die Streckgrenze erreicht.
Wie viel N/mm^2 beträgt diese?

c) Berechnen Sie die Sicherheitszahl.

6. Aufgabe: Eine Sechskantschraube M 12 mit einem Kerndurchmesser von 9,85 mm besitzt die Festigkeitsklasse 10.9.

a) Welche Zugkraft (in kN) kann die Schraube bei dreifacher Sicherheit übertragen?

b) Welche Zugkraft (in kN) kann die Schraube bis zum Bruch mindestens übertragen?

7. Aufgabe: Eine Krankette soll die Masse von 2 t heben.
Berechnen Sie den Mindestdurchmesser (in mm) eines Kettenglieds aus S235 JR bei 2,5-facher Sicherheit und wenn beide Querschnitte eines Kettenglieds gleichmäßig belastet werden.

B. Beanspruchung auf Druck

Die Beanspruchung auf Druck wird sinngemäß wie die Beanspruchung auf Zug berechnet.
Für den Index „z“ (Zug) wird der Index „d“ (Druck) gesetzt, statt der Streckgrenze R_e bei Stahl und Stahlguss die Quetschgrenze σ_{dF}.

Beanspruchung auf Zug		Beanspruchung auf Druck		
$\sigma_z = \frac{F}{A}$	→	______ = ______	(N/mm²)	______ in ______ ______ in ______
		Für Stahl:		
$\sigma_{z\,zul} = \frac{R_e}{\nu}$	→	______ = ______	(N/mm²)	______ in ______ ____________
		$\sigma_{dF} \triangleq R_e$		

1. Aufgabe: Welche Druckspannung (in N/mm²) tritt in einer Stahlstütze mit 36 cm² Querschnitt auf, wenn sie mit 648 kN belastet wird?

2. Aufgabe: Welche Druckkraft (in kN) kann das skizzierte Stahlrohr (S235 JR) aufnehmen, wenn fünffache Sicherheit gefordert wird?

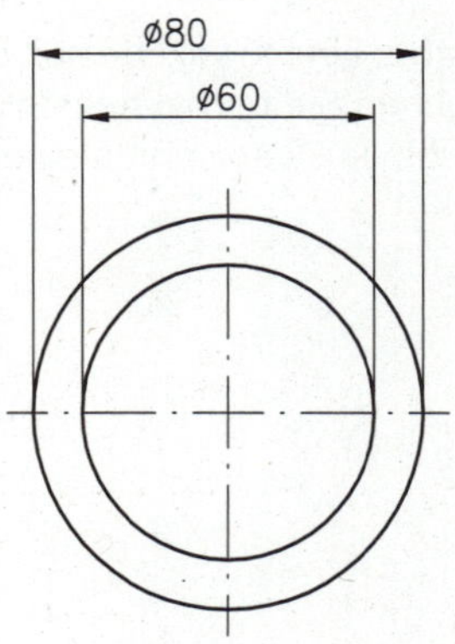

Bildnachweis: Di Gaspare, Michele (Bild und Technik Agentur für technische Grafik und Visualisierung)

C. Beanspruchung auf Biegung

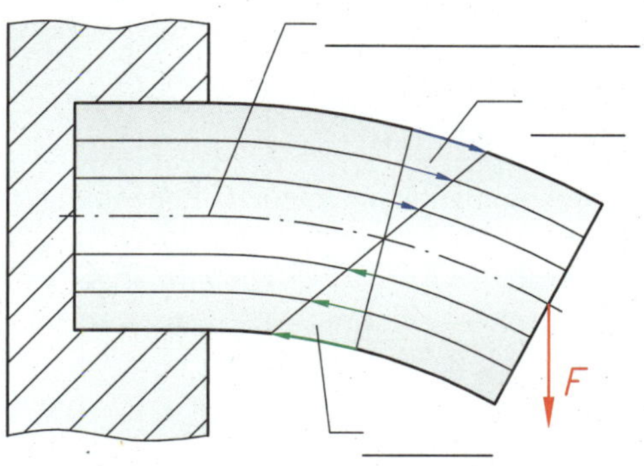

Wird ein Bauteil auf Biegung beansprucht, so werden die Werkstofffasern im oberen Querschnitt gestreckt, im unteren Querschnitt gestaucht. Die neutrale Faser bleibt unverändert; in ihr treten keine Spannungen auf.

Die größte auftretende Spannung wird als Biegespannung bezeichnet. Sie tritt dort auf, wo das Biegemoment (M_b) am größten, der Querschnitt des Bauteils daher am meisten gefährdet ist.

1. Biegemoment

Die Größe des Biegemoments hängt ab:

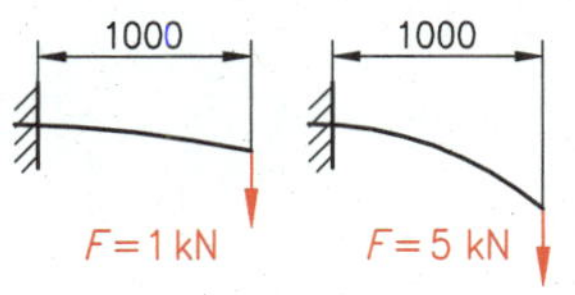	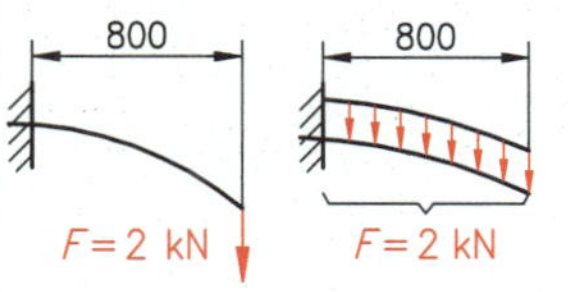	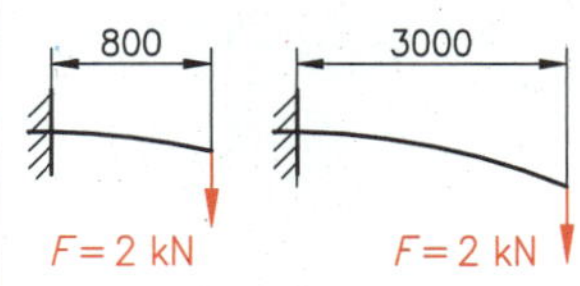	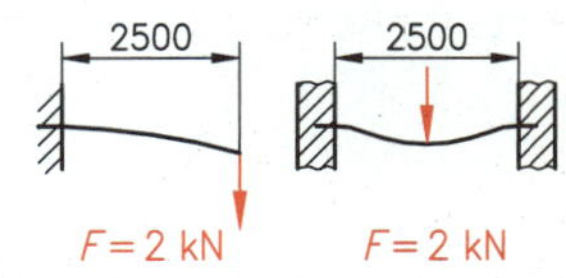
Von der Größe der ______	Von der ______ ______ der Kraft	Von der ______ des ______	Von der Art der ______

Verschieden eingespannte Träger und ihre Biegemomente

	Einseitig eingespannt	Auf zwei Stützen aufliegend	Doppelseitig eingespannt
a)	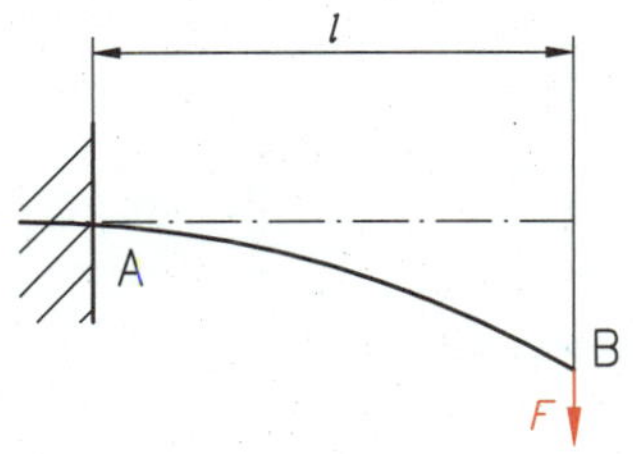	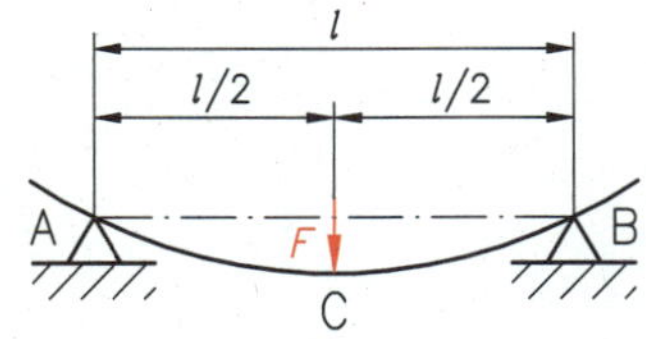	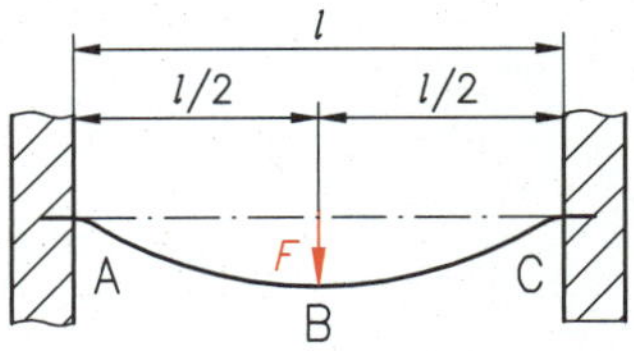
b)	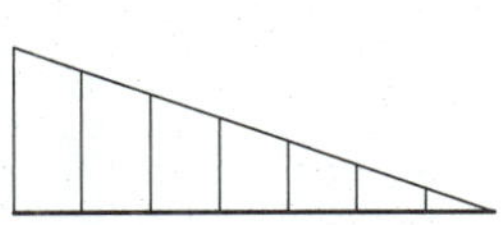 Maximales Biegemoment bei ______	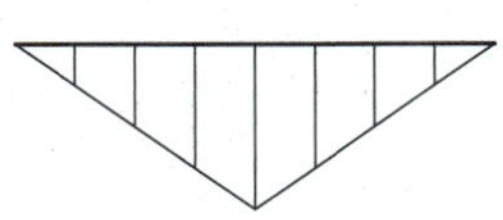 Maximales Biegemoment bei ______	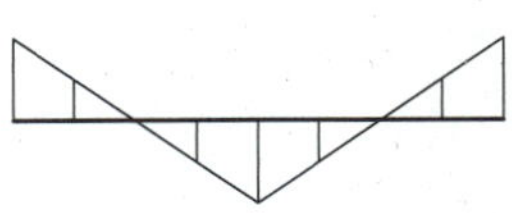 Maximales Biegemoment bei ______
	Für Träger mit Einzelkraft F belastet gilt:		
	$M_b = F \cdot l$	$M_b = \frac{F \cdot l}{4}$	$M_b = \frac{F \cdot l}{8}$
	Für Träger mit gleichmäßig verteilter Belastung durch Streckenlast F_S:		
	$M_b = \frac{F_S \cdot l}{2}$	$M_b = \frac{F_S \cdot l}{8}$	$M_b = \frac{F_S \cdot l}{12}$

Aufgabe: a) Kennzeichnen Sie in den Skizzen den gefährdeten Querschnitt mithilfe von Kreisen (z. B. Ⓐ).
b) Ziehen Sie das maximale Biegemoment farbig nach.

Metallbautechnik	Datum:	Herstellen von Konstruktionen aus Profilen	Lernfeld 6
Name:	Klasse:	*Arten der Beanspruchung*	3

1. Aufgabe: Der skizzierte Träger wird mittig mit der Einzelkraft von 2 kN belastet.
Wie groß (in Ncm) ist sein maximales Biegemoment?

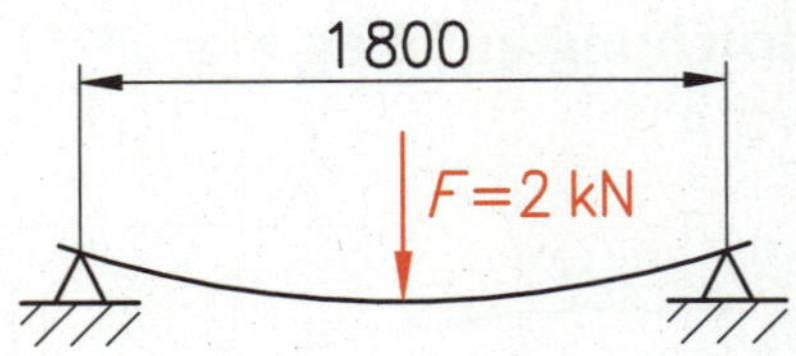

Das Biegemoment kann folgende Benennungen haben:

Kraft F in N	Hebelarmlänge l in		
	mm	cm	m

Meist wird mit der Einheit __________ gerechnet.

2. Aufgabe: Mit welcher Einzelkraft (in kN) darf ein 400 mm langer, einseitig eingespannter Träger am Ende höchstens belastet werden, wenn das Biegemoment nicht größer als 800 Nm sein darf?
Berechnen Sie die Belastung, wenn sie gleichmäßig verteilt ist.

3. Aufgabe: Ein doppelseitig eingespannter Träger wird mit 12 kN auf Biegung beansprucht.
Berechnen Sie seine größtmögliche Länge (in mm),
- bei mittiger Einzelbelastung,
- bei gleichmäßig verteilter Belastung,

wenn das maximale Biegemoment 2 400 Nm sein darf.

Bildnachweis: Di Gaspare, Michele (Bild und Technik Agentur für technische Grafik und Visualisierung)

2. Axiales Widerstandsmoment

Die Größe der Biegespannung hängt – außer vom Biegemoment – noch von folgenden Faktoren ab:

	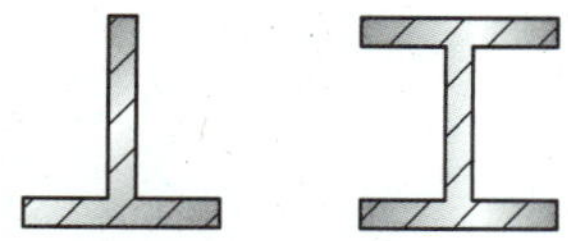	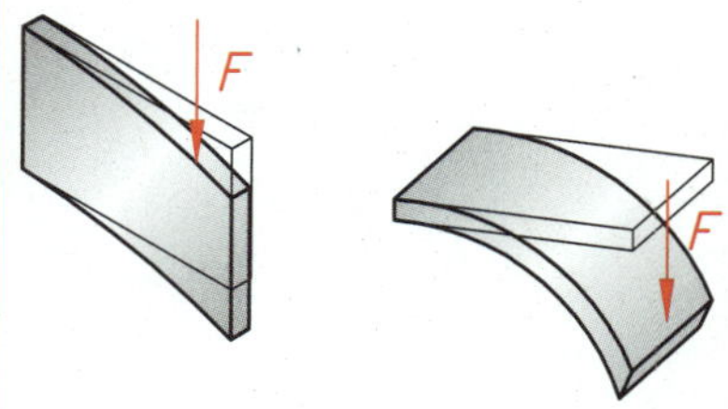
1. Von der ______ der Querschnittsfläche	2. Von der ______ des Trägerquerschnitts	3. Von der Lage der ______ zum Trägerquerschnitt

Diese Einflüsse werden im Widerstandsmoment (W) berücksichtigt. Die Benennung ist cm^3.
Für genormte Profile wird das Widerstandsmoment aus Tabellenbüchern entnommen, für einfache Querschnitte wird es berechnet.
Dabei ist die Lage der Biegeachse zu beachten:

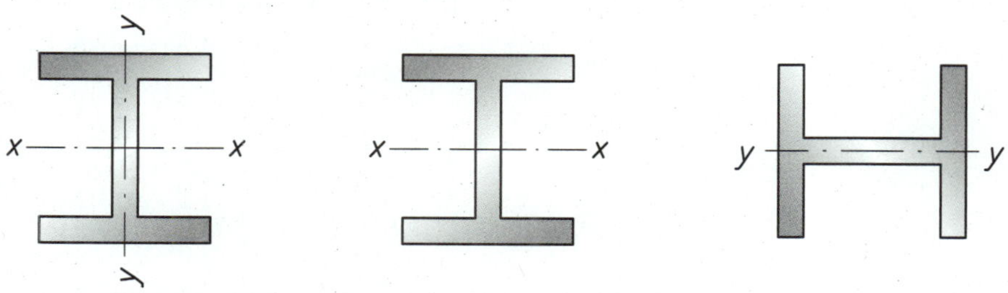

Biegeachse — · — · —

Man unterscheidet daher folgende Widerstandsmomente:

- die Biegeachse ist die x-Achse = W ____
- die Biegeachse ist die y-Achse = W ____

Es gibt allerdings auch Querschnittsformen, bei denen $W_x = W_y$ ist, also keine Unterscheidung notwendig ist.

Skizzieren Sie solche Querschnitte:

Axiale Widerstandsmomente einfacher Querschnitte

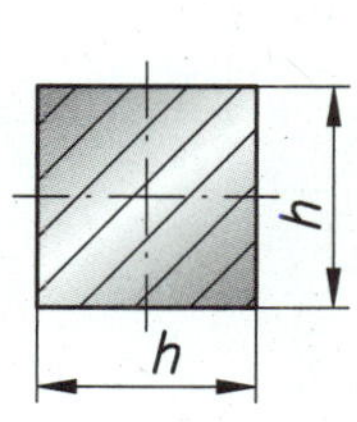	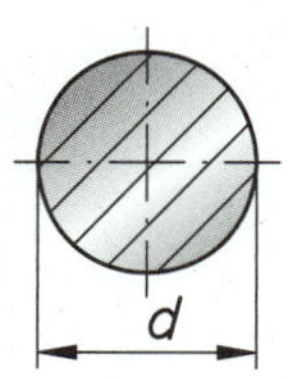	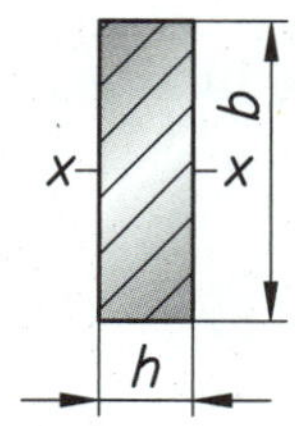	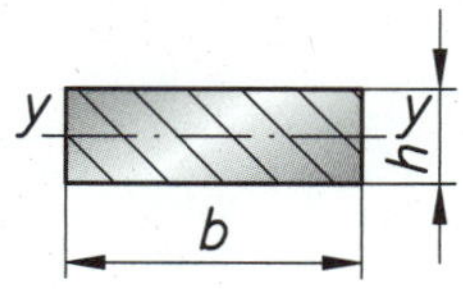	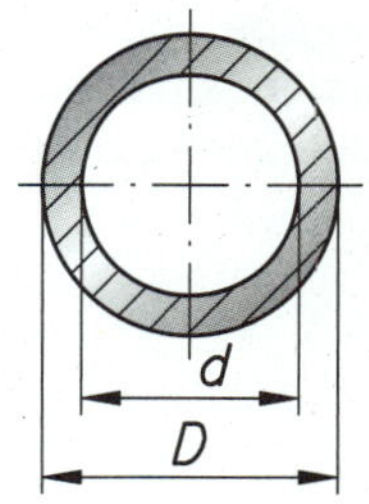
$W = \frac{h^3}{6}$	$W = \frac{d^3 \cdot \pi}{32}$	$W_x = \frac{h \cdot b^2}{6}$	$W_y = \frac{b \cdot h^2}{6}$	$W = \frac{(D^4 - d^4) \cdot \pi}{32 \cdot D}$

1. **Aufgabe:** Berechnen Sie das Widerstandsmoment (in cm^3) eines Quadratstahls mit 30 mm Kantenlänge.

2. **Aufgabe:** Wie groß sind die Widerstandsmomente (in cm^3) für Flachstahl 40 x 8 mm, wenn
   a) hochkantig und
   b) flachkantig gebogen wird?

3. **Aufgabe:** Ergänzen Sie die Tabelle.

	U 200	IPB 180	L 80 x 40 x 6	T 50	I 120
W_x (cm^3)					
W_y (cm^3)					

4. **Aufgabe:** Für einen 40 mm breiten Flachstahl (siehe Skizze) wurde ein Widerstandsmoment von 4 cm^3 berechnet.
   Bestimmen Sie *h* (in mm) bei hochkantigem und bei flachkantigem Biegen.

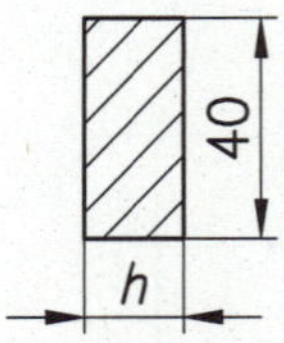

3. Biegespannung
Ein einseitig eingespannter Flachstahl (siehe Skizze) wird im Abstand von 500 mm mit 1 200 N auf Biegung beansprucht. Berechnen Sie

a) das maximale Biegemoment (in Ncm),
b) das axiale Widerstandsmoment (in cm^3),
c) die auftretende Biegespannung (in N/cm^2 und N/mm^2).

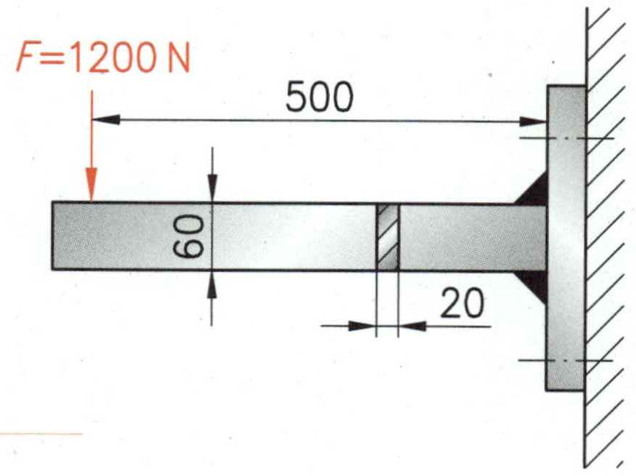

Geg.: ____________________

Ges.: a) ______ b) ______ c) ______

Die Biegespannung σ_b wird aus dem Biegemoment M_b und dem Widerstandsmoment W berechnet:

$$\text{Biegespannung} = \frac{\text{Biegemoment}}{\text{axiales Widerstandsmoment}}$$

______ = ______ (______) M_b in ______

W in ______

______ = ______

______ = ______ = ______

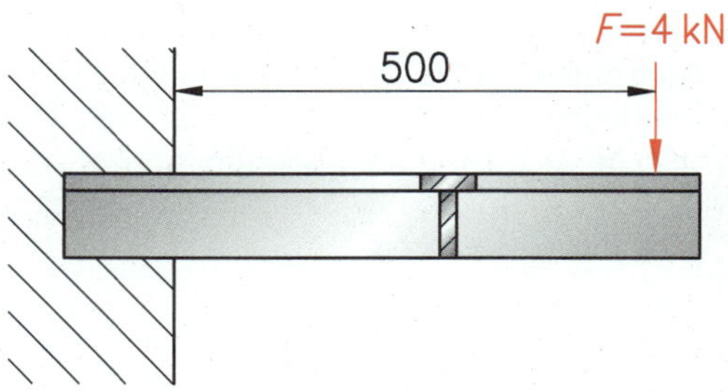

1. **Aufgabe:** Der skizzierte T-Stahl EN 10055 – S235 JR hat eine zulässige Biegespannung von 100 N/mm^2. Berechnen Sie das auftretende Biegemoment (in Ncm) und das Widerstandsmoment (in cm^3). Wählen Sie ein geeignetes T-Profil.

2. Aufgabe: Ein I-Träger, DIN 1025-2 – IPB 160 – S 235 JR, ist auf 3 m Länge doppelseitig eingespannt und wird auf Biegung beansprucht. Die zulässige Biegespannung beträgt 200 N/mm^2.
Mit wie viel kN darf der Träger in der Mitte höchstens belastet werden, wenn a) die Biegeachse x-x und b) die Biegeachse y-y ist?

3. Aufgabe: Eine Welle trägt in der Mitte die Kraft von 2,5 kN.
Die Biegespannung darf 120 N/mm^2 nicht übersteigen.
Welcher Wellendurchmesser (in mm) ist vorzusehen?

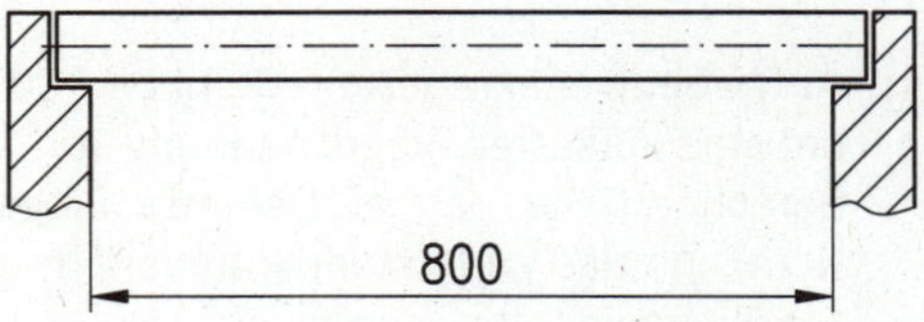

D. Beanspruchung auf Knickung

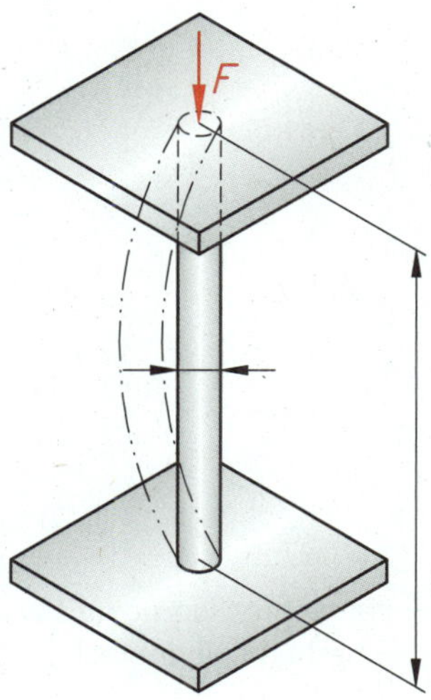

Knickung tritt bei langen und schlanken Bauteilen (z. B. Stützen im Stahlbau) auf.

Dabei weicht das Profil zur Seite aus.

Die Richtung, in die das Bauteil ausknickt, ist besonders von der ______________ (z. B. ◯ ⊔) des Querschnitts abhängig.

Profile aus Stahl knicken immer dorthin aus, wo weniger ______________ vorhanden ist.

Beispiele:

Skizzieren Sie Profile, die keine bevorzugte Ausknickrichtung haben:

Die Belastbarkeit auf Knickung hängt ab

- von der ______________ des Profils (◯ - ⊏),
- von der Größe der ______________ (20 cm² – 200 cm²),
- vom ______________ (St – Al), ausgedrückt durch das Elastizitätsmodul,
- von der ______________ (2 m – 20 m) des Bauteils,
- von der Art der ______________ ⟶

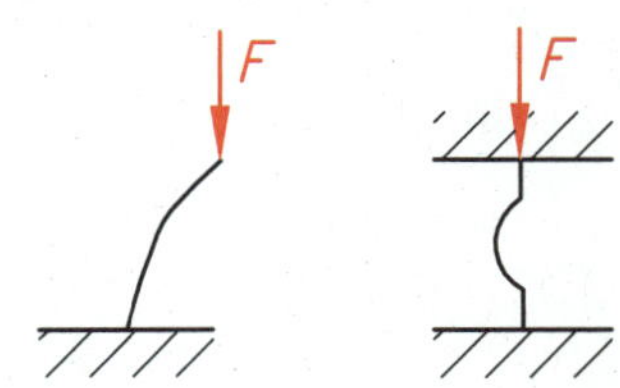

Die Art der Einspannung wird nach Euler durch folgende Belastungsfälle unterschieden:

I	II	III	IV
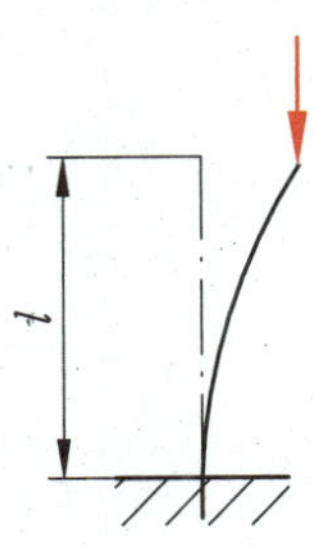	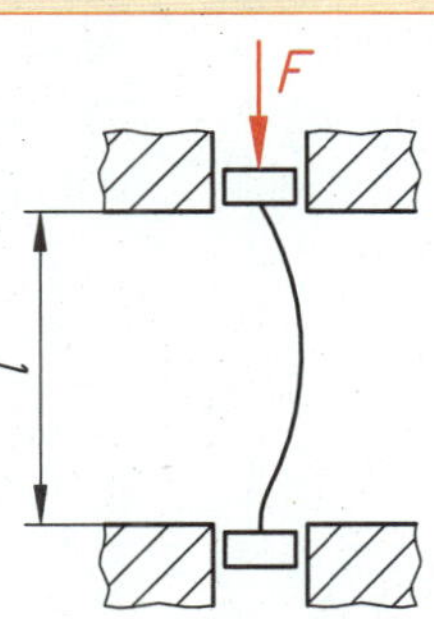	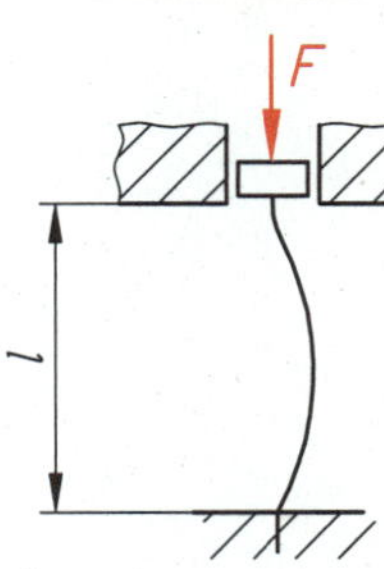	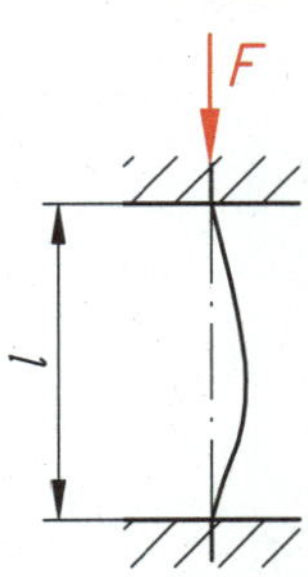
$l_k = 2 \cdot l$	$l_k = l$	$l_k = 0{,}7 \cdot l$	$l_k = 0{,}5 \cdot l$

Dabei bedeutet: l = Länge der Stütze
l_k = rechnerische Knicklänge

1. Knickbeanspruchung untergeordneter Bauteile

$F_{k\,zul} =$

$F_{k\,zul}$ = zulässige Knickkraft in kN

E = Elastizitätsmodul in kN/cm² (siehe Tabellenbuch) für Stahl E = 21 000 kN/cm²
I = Flächenmoment in cm⁴ (siehe Tabellenbuch)
l_k = rechnerische Knicklänge in cm
ν = Sicherheitszahl

Bildnachweis: Di Gaspare, Michele (Bild und Technik Agentur für technische Grafik und Visualisierung)

Flächenmomente einfacher Querschnitte

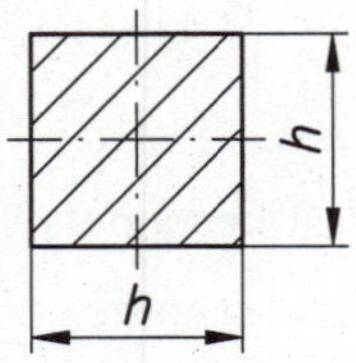	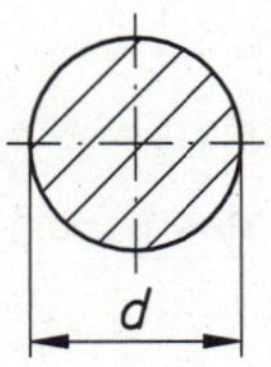	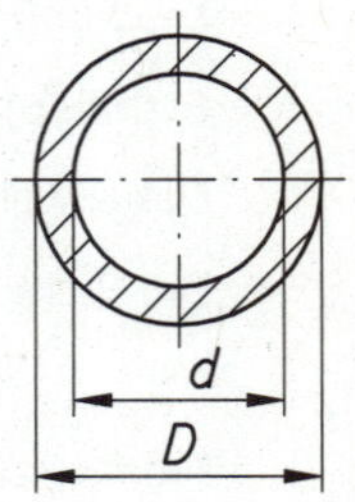
$I = \frac{h^4}{12}$	$I = \frac{d^4 \cdot \pi}{64}$	$I = \frac{(D^4 - d^4) \cdot \pi}{64}$

Aufgabe: Für die 2,8 m hohe Stütze eines Vordachs soll die zulässige Knickkraft (in kN) berechnet werden. Es wird ein Stahlrohr ($D = 50$ mm, $d = 38$ mm) im Belastungsfall IV verwendet, die Sicherheit soll dreifach sein.

Geg.:

Ges.:

2. Knickbeanspruchung im Stahlhochbau

Für den Stahlhochbau sind besondere Berechnungsverfahren vorgeschrieben. Hier wird u. a. auch die Schlankheit der Stütze berücksichtigt.

Metallbautechnik	Datum:	Herstellen von Konstruktionen aus Profilen	Lernfeld 6
Name:	Klasse:	*Trennen von Profilen*	4

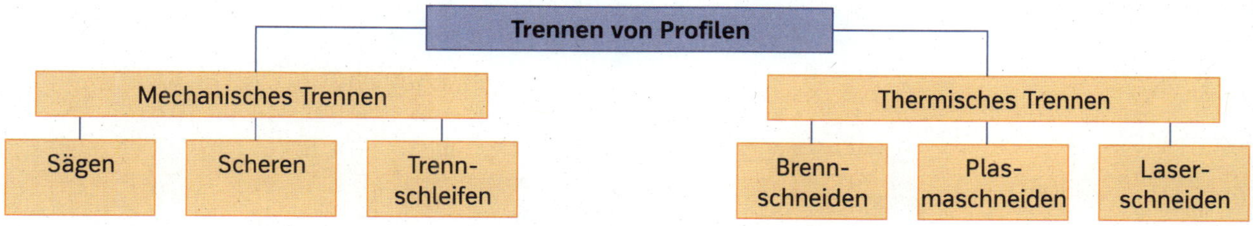

Mechanisches Trennen

A. Maschinensägen

1. Maschinenkreissäge

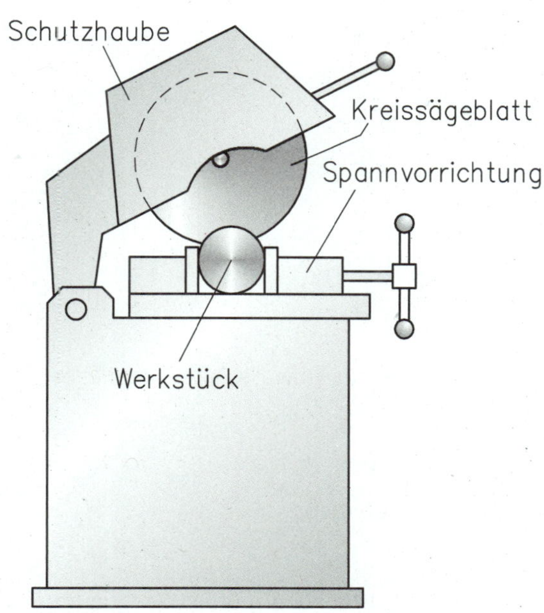

Das Kreissägeblatt besteht entweder ganz aus Schnellarbeitsstahl oder aus Stahl mit aufgenieteten Zahnsegmenten aus Hartmetall.
Bei einfachen Kreissägemaschinen wird das Werkstück von Hand im Maschinenschraubstock eingespannt. Größere Maschinen besitzen eine hydraulische Spannmöglichkeit. Der Maschinenschraubstock kann für Winkelschnitte verstellt werden.

Nachteil: ____________________

____

____

Vorteil: ____________________

Das Kreissägeblatt bewegt sich beim Sägen von oben auf das eingespannte Werkstück. Das Sägen nach Anriss ist möglich.
Beim Trennen von dünnwandigen Al-Hohlprofilen werden die Werkstücke pneumatisch gespannt. Welchen Vorteil bringt dies?

____

Für stranggepresste Al-Hohlprofile (Tür- und Fensterbau) werden CNC-gesteuerte Doppelgehrungssägen verwendet. Die Sägeblätter bewegen sich von unten nach oben; das Sägen nach Anriss ist nicht möglich.

2. Maschinenbandsäge

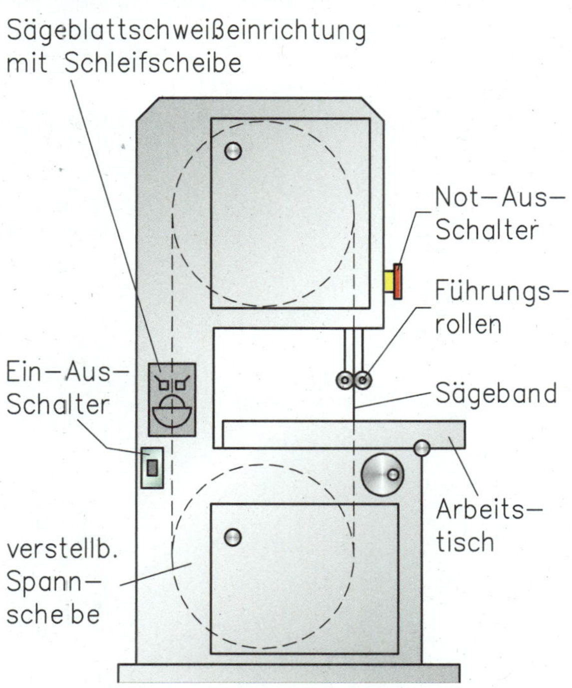

Ein endloses Sägeband läuft über zwei große Rollen. Führungsrollen verhindern das Ausweichen des Sägebands.

Nachteile: ____________________

____

____

____

Vorteile: ____________________

____

____

Maschinenbandsägen werden auch in waagerechter Bauweise hergestellt.

Bildnachweis: Di Gaspare, Michele (Bild und Technik Agentur für technische Grafik und Visualisierung)

3. Maschinenbügelsäge

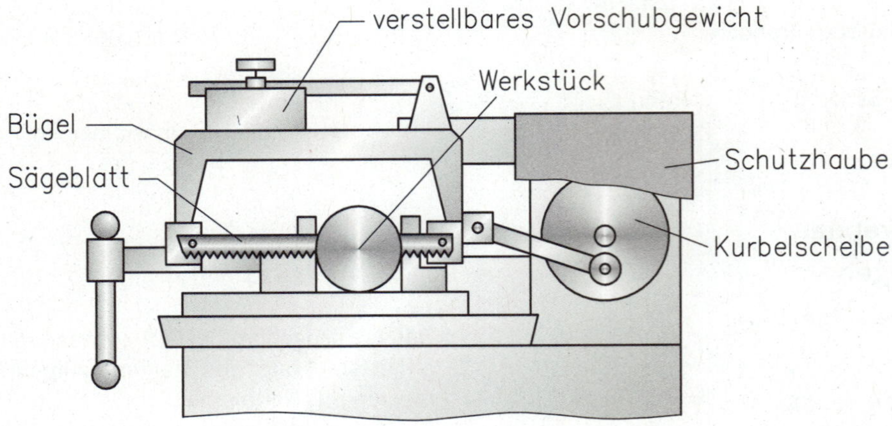

Das Sägeblatt wird durch eine Kurbelscheibe hin- und herbewegt.
Maschinenbügelsägen arbeiten unwirtschaftlich. Begründen Sie dies.

____

Ein drehbarer Schraubstock ermöglicht Winkelschnitte.

4. Unfallverhütung beim Arbeiten mit Maschinensägen

Setzen Sie in die Lücken sinnvoll ein:
Risse – Schutzabdeckungen – Pinsel – Schnittdruck – eng anliegende – Druckluft – straff – Handfeger

- Bei Vorschub mit der Hand am Ende der Sägearbeit den ______________ verringern.
- Keine ______________ an Maschinen entfernen.
- Späne mit einem ______________ oder ______________ entfernen.
  Niemals ______________ verwenden!
- Vor dem Einbau von Kreissägeblättern das Sägeblatt auf ______________ überprüfen (Klangprobe).
- Das Sägeband muss ______________ gespannt sein.
- ______________ Arbeitskleidung tragen.

Aufgabe:

Ein rechteckiger Rahmen soll aus einem Winkelstahlprofil S235 JR hergestellt werden. Zum Ablängen wird mit einem HSS-Kreissägeblatt gearbeitet. Bestimmen Sie mithilfe des Tabellenbuchs

a) die Zugfestigkeit R_m (in N/mm^2) des Winkelstahlprofils,
b) die Schnittgeschwindigkeit v_c (in m/min) des Kreissägeblatts.
c) Berechnen Sie den Schnittwinkel δ (in °) eines Sägezahns. Der Spanwinkel γ beträgt 15°, der Freiwinkel α 12°.

a) R_m = ______________ b) v_c = ______________

c)

B. Abscheren von Profilen

Wirtschaftlich können Bleche nur durch Scheren getrennt werden. Das Abscheren von Profilen ist vom Werkstoffquerschnitt abhängig und auf Stabstähle beschränkt.
Skizzieren Sie Querschnitte, die durch Scheren getrennt werden können.

1. Hand-Formstahlscheren

Beim Trennen von Profilen müssen Ober- und Untermesser dem Profilquerschnitt angepasst sein. Der Trennschnitt erfolgt ziehend.

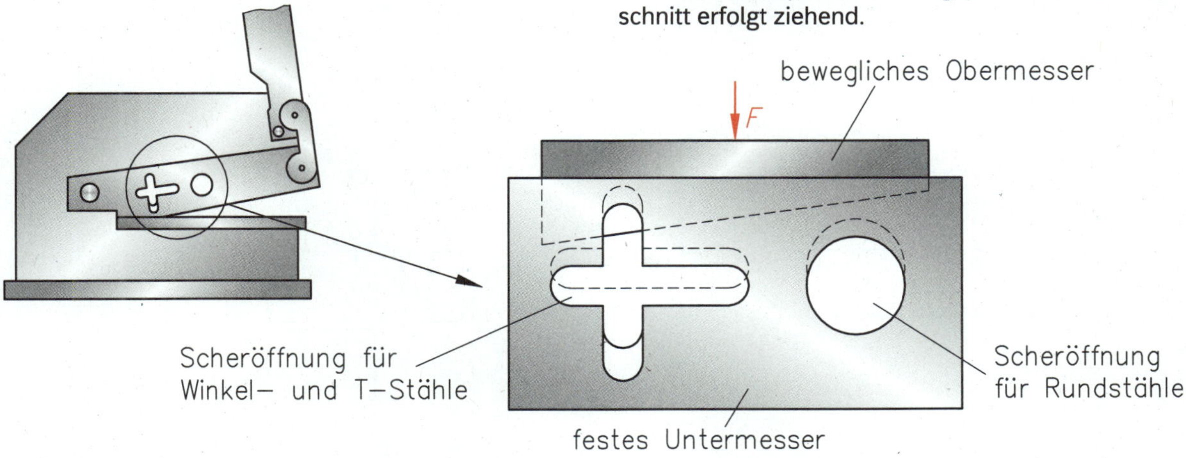

2. Trennschnitt

Parallel- oder Vollschnitt		Zieh- oder Kreuzschnitt
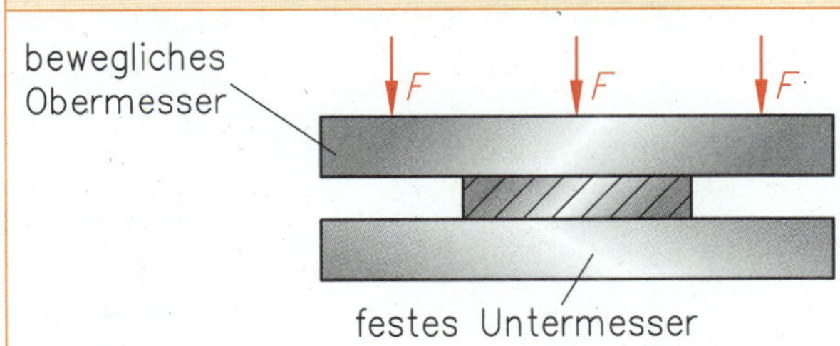		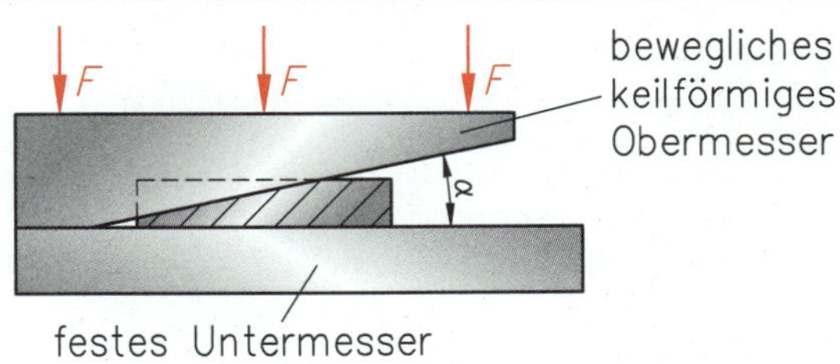
	Trennung	
	Schnittkraft	
	Maschinenleistung	
	Maschinenpreis	

Der Öffnungswinkel α beträgt für Maschinenscheren 0,5 bis 2,5°, für handbetriebene Scheren ≤ 14°.

3. Beanspruchung beim Abschneiden

Von einem 12 mm dicken Rundstahl werden Bolzen abgeschert.
Die max. Mindestzugfestigkeit beträgt 400 N/mm^2.
a) Wie groß (in N/mm^2) ist die Mindestscherfestigkeit?
b) Wie viel mm^2 misst die Scherfläche?
c) Welche Schnittkraft (in N) ist zum Trennen erforderlich?

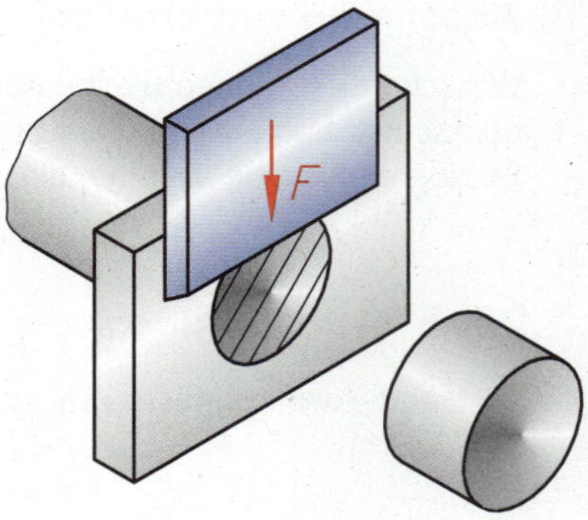

Unterscheiden Sie:

– Beanspruchung auf Zug oder Druck: ______ (sigma)
– Beanspruchung auf Abscherung oder beim Abschneiden: ______ (tau)

Geg.: ____________________

Ges.: a) ______ b) ______ c) ______

a) Vergleichen Sie:

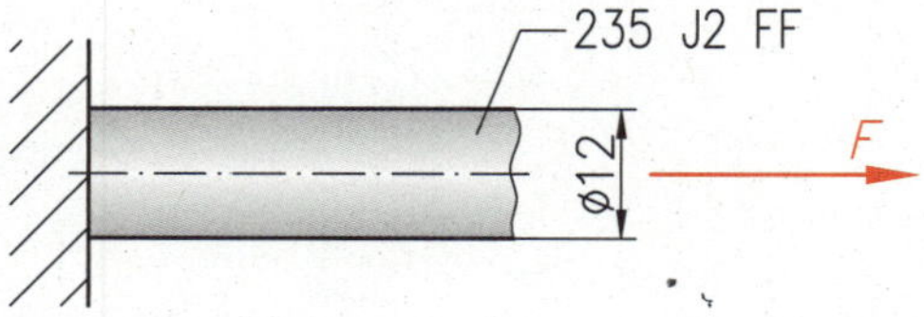

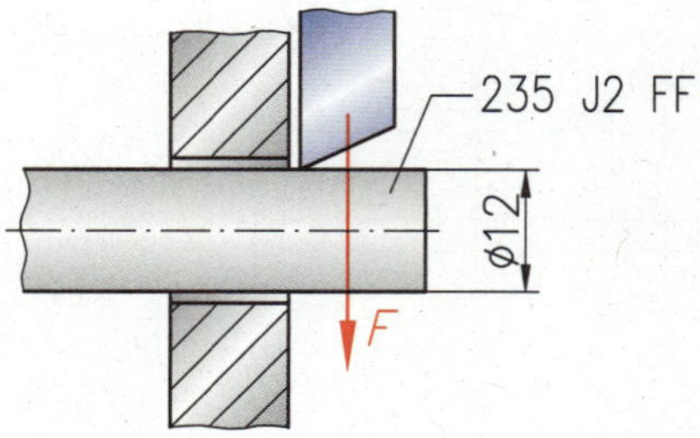

Obwohl Durchmesser und Material gleich sind, kann der Stahl bei Beanspruchung auf

______ ______ belastet werden. | ______ ______ belastet werden.

Ist die max. Scherfestigkeit nicht bekannt, kann sie bei den Metallen mithilfe der max. Mindestzugfestigkeit errechnet werden:

$\tau_{aB_{max}} = R_{m_{max}} \cdot$ ______ (N/mm^2) R_m in N/mm^2

$\tau_{aB_{max}} =$ ______

$\tau_{aB_{max}} =$ ______

b) $A =$ Die Fläche A wird manchmal mit S angegeben.

$A =$

$A =$ ______

c) Auf ______ mm^2 ⟶ ______ N

auf ______ mm^2 ⟶ ______ = ______ N

$F =$ ______ (N)

______ in ______

______ in ______

Sind Scherwerkzeuge in Gebrauch nimmt die Schneidhatigkeit ab, der Kraftaufwand wird größer. Diese Werkzeugabnutzung wird durch den Faktor 1,2 beim Parallelschnitt berücksichtigt.

$F = \tau_{aB_{max}} \cdot A \cdot 1{,}2$

1. **Aufgabe:**
Gleichschenkeliger Winkelstahl (DIN EN 10056-1) 60 x 5 aus S 235 JR (R_m = 370 N/mm^2) wird mit einer Maschinenschere getrennt.
Berechnen Sie
a) die Scherfestigkeit (in N/mm^2),
b) die Schnittfläche (in mm^2) und
c) die Schnittkraft (in kN).

2. **Aufgabe:**
Flachstahl mit 40 mm Breite und der Mindestzugfestigkeit von 350 N/mm^2 soll durch einen Parallelschnitt getrennt werden. Die Schnittkraft der Maschinenschere beträgt 112 kN.
Wie dick (in mm) darf der Flachstahl höchstens sein?

3. Aufgabe:

Der skizzierte Flachstahl soll mit einer Maschinenschere getrennt werden. Ober- und Untermesser bewegen sich parallel.

a) Bestimmen Sie die kleinste Mindestzugfestigkeit nach Tabellenbuch.

b) Berechnen Sie die Schnittkraft (in kN).

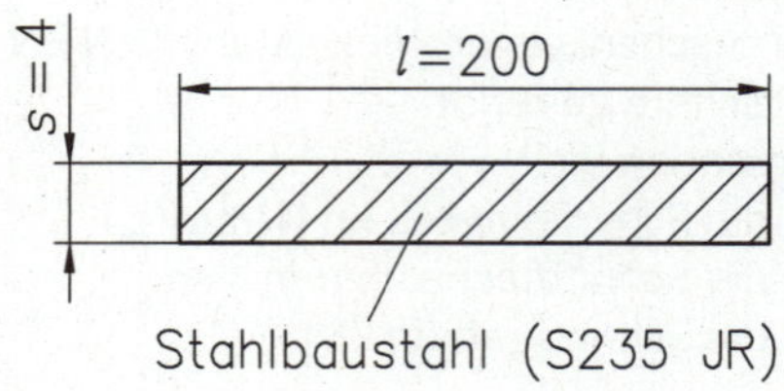

4. Aufgabe:

Der Flachstahl in der 3. Aufgabe soll mit einem Ziehschnitt getrennt werden. Der Öffnungswinkel α beträgt 2,5°. Berechnen Sie auch hier wieder die Schnittkraft (in kN).

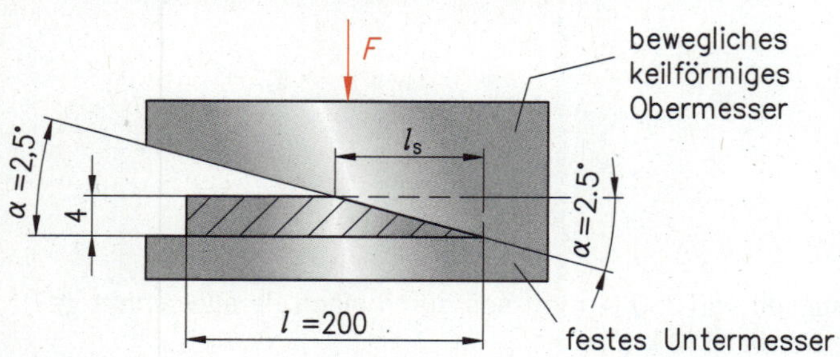

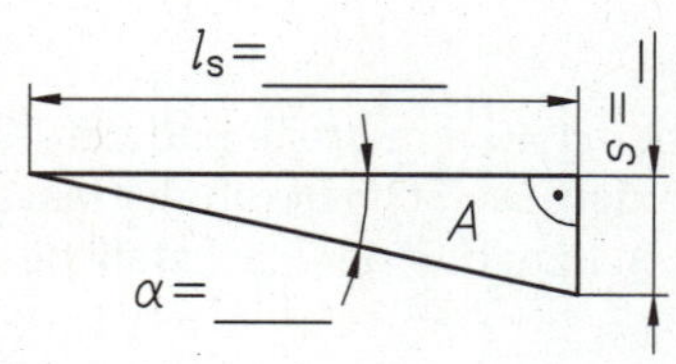

Bei einer Werkzeugabnützung kann die Schnittkraft F mit dem Faktor 1,2 vergrößert werden.

$$F = \tau_{aB_{max}} \cdot A \cdot 1{,}2$$

Vergleichen Sie die Schnittkräfte der 3. und 4. Aufgabe.

C. Trennschleifen von Profilen

Durch das Trennschleifen können Metalle schnell und sauber getrennt werden.
Nennen Sie solche Metalle.

Die dünnen flexiblen Trennscheiben bestehen aus faserverstärkter Kunstharz- oder Gummibindung.

1. Trennschleifmaschinen

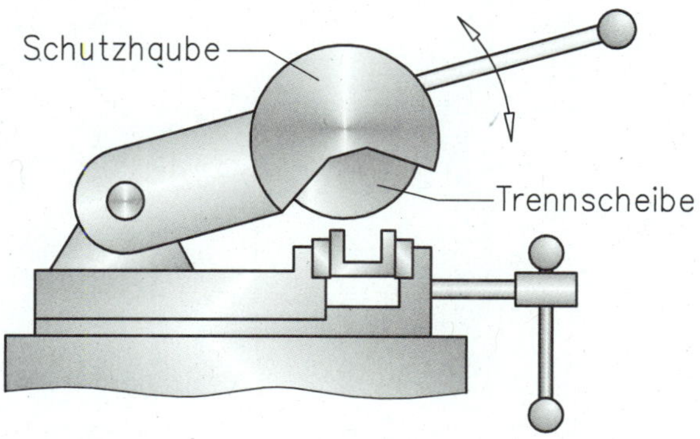

Der Vorschub kann von Hand oder automatisch erfolgen. Eine Bremse verhindert ein langes Nachlaufen der Trennscheibe; Unfälle werden dadurch vermindert.

Trennscheiben für stationäre Maschinen haben einen Durchmesser bis 500 mm und arbeiten mit einer Schnittgeschwindigkeit $v_c \leqq 100$ m/s.

Profile können auch mit dem handgeführten Winkelschleifer (= ____________) getrennt werden. In der Regel werden Trennscheiben für eine maximale Schnittgeschwindigkeit $v_c = 80$ m/s (Farbkennzeichnung: ________) verwendet.

2. Auswahl der Trennscheiben

Zu trennender Werkstoff	Trennscheibe		
	Schleifmittel	Chemische Zusammensetzung	Normung
unlegierter Stahl, Stahlguss	Normalkorund	**A**l-Oxid und Beimengung	A
unlegierter Stahl, Titan	Edelkorund	**A**l-Oxid	A
Gusseisen, Cu, Al, Kunststoffe	Siliziumkorund	Silizium**c**arbid und Beimengung	C
Werkzeugstahl, HSS	Bornitrid	**B**ornitrid	CBN
nicht rostender Edelstahl	Zirkonkorund	Al-Oxid und **Z**irkonoxid	Z

Maximale Drehfrequenz
Berechnen Sie für die aufgeführten Trennscheiben die maximalen Drehzahlen bei einer Schnittgeschwindigkeit von 80 m/s. Tragen Sie die Ergebnisse auch in die Tabelle auf Seite 138 ein.

Außendurchmesser (mm)	Drehzahl (1/s)	Drehzahl (1/min)
115		
125		
180		
230		

Maschinendrehzahl n (1/min) für Trennscheiben mit roter Farbkennzeichnung

Aufnahmebohrung d = 22 mm			
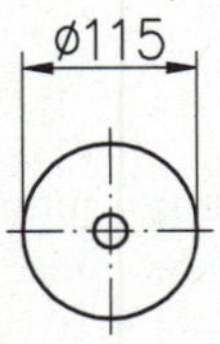	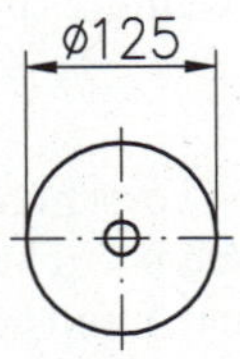	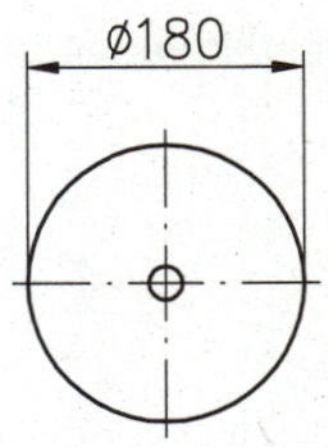	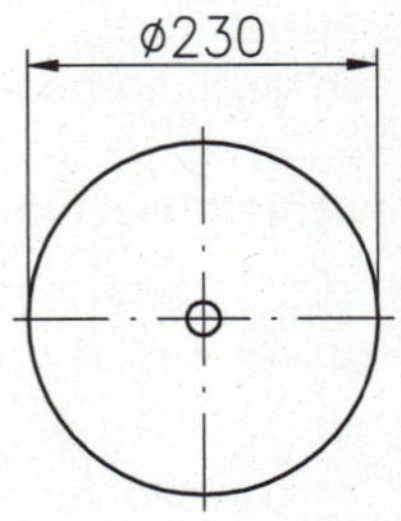
n = ______ 1/min	n = ______ 1/min	n = ______ 1/min	n = ______ 1/min

3. Unfallverhütung

Ein elektrischer Kleinwinkelschleifer hat eine Motordrehzahl von 12 200 1/min und ist für einen maximalen Trennscheibendurchmesser von ________ mm vorgesehen. Bei einem unzulässigen Abbau der Schutzhaube könnte mit dieser Handmaschine auch eine Trennscheibe mit 180 mm Durchmesser betrieben werden. Die maximale Drehzahl dieser Trennscheibe beträgt ________ 1/min.

Die Trennscheibe kann während des Trennens zersplittern, tödliche Verletzungen können die Folge sein. Deshalb

____

Sie kennen sicherlich noch mehr Unfallverhütungsvorschriften. Nennen Sie diese.

____

____

____

____

____

____

____

____

____

____

____

____

____

____

____

____

Das thermische Trennen von Werkstücken kann durch Brenn-, Plasma- und Laserschneiden erfolgen. Mit diesen Verfahren werden hauptsächlich Bleche geschnitten. Einwandfreies Trennen von Profilen ist auf Stabstähle (z. B.

) beschränkt.

A. Autogenes Brennschneiden von Profilen

Stabstähle aus unlegierten und niedrig legierten Stahlbaustählen sowie Stahlguss haben einen Kohlenstoffgehalt unter 2,5 %. Sie sind deshalb brennschneidbar.
Welcher der aufgeführten Stähle kann durch autogenes Brennschneiden getrennt werden?

	Kohlenstoffgehalt (%)	Durch autogenes Brennschneiden trennbar
S 235 JR		
C 300		
C 45		
X 280 CrW 12		

B. Plasmaschneiden

Stabprofile aus Metallen, die autogen nicht brennschneidbar sind, können mit einem Plasmastrahl getrennt werden. Unter Plasma versteht man ein elektrisch leitendes Gas aus ungebundenen Ionen und Elektronen. Dieses Schneidverfahren kann von Hand oder maschinell ausgeführt werden.

Nennen Sie plasmaschneidbare Metalle.

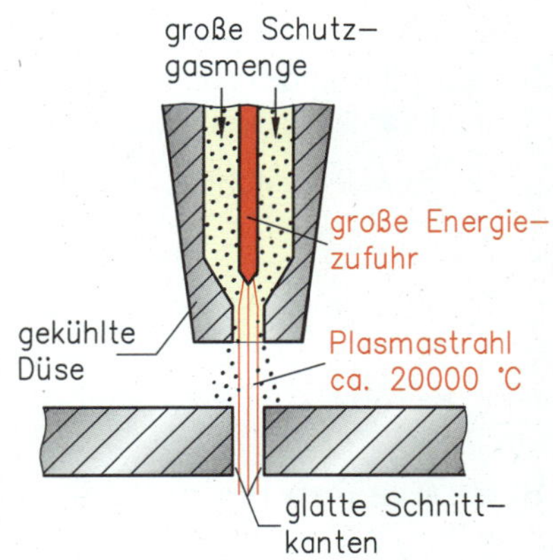

Vorteile:

Nachteil:

C. Laserschneiden

Durch Laserschneiden können beliebige metallische Werkstoffe bis etwa 20 mm Dicke und nicht metallische Werkstoffe bis etwa 30 mm getrennt werden. Ein Laser ist ein energiereicher gebündelter Lichtstrahl. Der geschmolzene Werkstoff wird durch das Schneidgas unter Druck aus der Schnittfuge geblasen.

Nennen Sie laserschneidbare Werkstoffe.

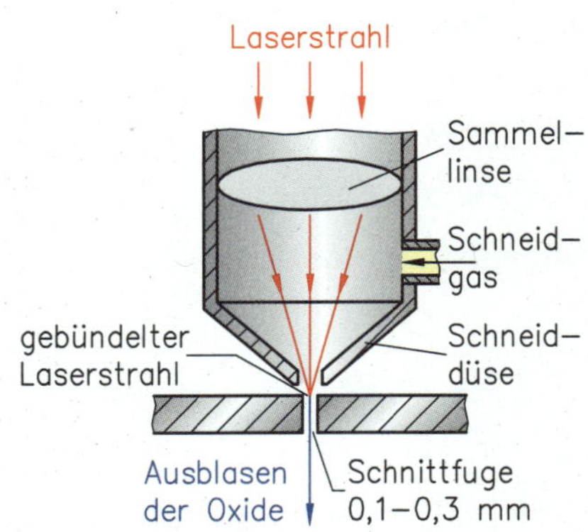

Vorteile:

Nachteil:

A. Schweißen allgemeiner Baustähle und von Stahlguss

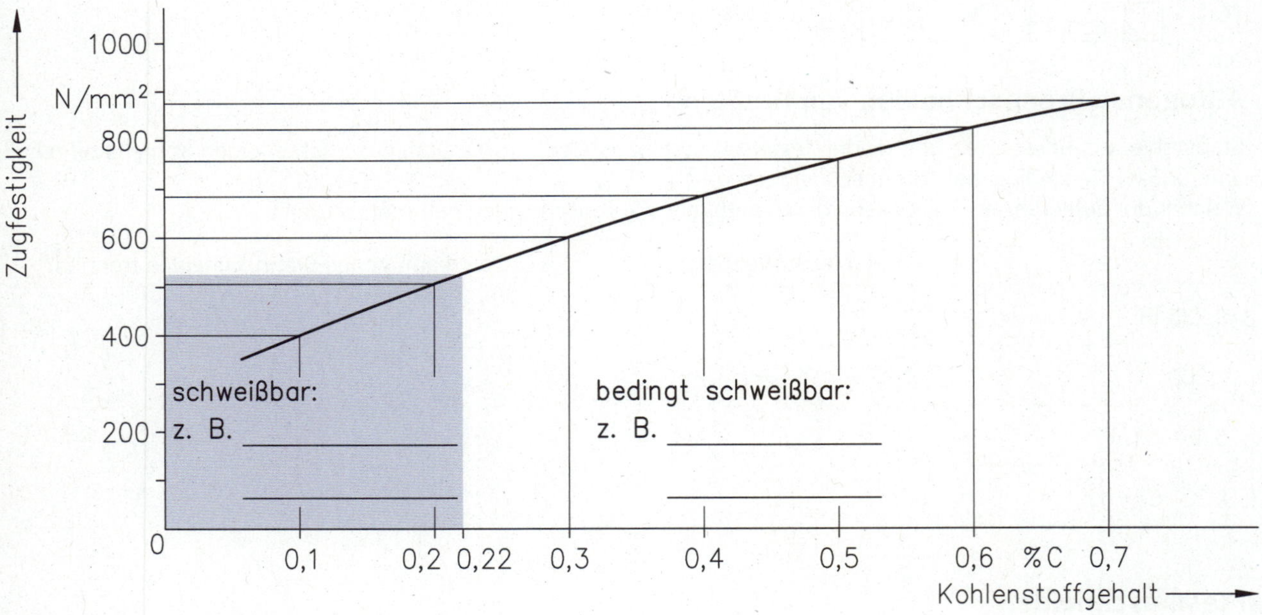

Welche technologische Eigenschaft ändert sich bei steigendem Kohlenstoffgehalt?

Baustähle und Stahlgussteile mit mehr als 0,22 % C-Gehalt (z. B. E 335, GE-300) sind härter. Dies führt beim Erwärmen der Schweißstelle zu erhöhten Wärmespannungen im Gefüge.

Durch welche Maßnahmen können diese Wärmespannungen verringert werden?

1.

2.

B. Schweißen legierter Stähle

Korrosions-, hitzebeständige und warmfeste Stähle sind mit artgleichen Zusatzwerkstoffen schweißbar.
Warmfeste Stähle, z. B. 50 Cr Mo 4–4, neigen zur Aufhärtung.

Abhilfe: 1. Vorwärmen des Werkstücks und Halten der Temperatur

2.

C. Schweißen von Gusseisen

Nicht vorgewärmte Werkstücke verursachen Wärmespannungen im Gefüge.
Dies tritt besonders beim Schweißen von Gusseisen mit Lamellengrafit in Erscheinung.

Folge dieser Wärmespannungen:

Abhilfe: 1. Vorwärmen des Werkstücks und Halten der Temperatur

2.

3.

D. Schweißen von Aluminium und Aluminiumlegierungen

Für Bleche bis 5 mm Dicke eignet sich das WIG-Schweißen, für Bleche ab 5 mm Dicke das MIG-Schweißen. Flussmittel sind nicht erforderlich.

Beim Schutzgas-Schweißen werden Elektrode, Lichtbogen und Schmelzbad durch Schutzgas umhüllt. Nennen Sie die Aufgaben des Schutzgases.

____

A. Schutzgase

Wie beim MIG-MAG-Schweißen werden Inert-Gase (z. B. Helium He, ______________), Aktiv-Gase (z. B. ______________) und deren Mischgase verwendet.

B. Schweißverfahren

1. **Wolfram-Inert-Gasschweißen** (= ________ **-Schweißen**)

Ordnen Sie die unten stehenden Begriffe den Skizzen zu:
Schweißstab, Wolframelektrode, Werkstück, Kühlwasser, Schutzgas (z. B. Argon), Schweißdüse, Drahtspule, Führungskopf, Vorschubrollen.

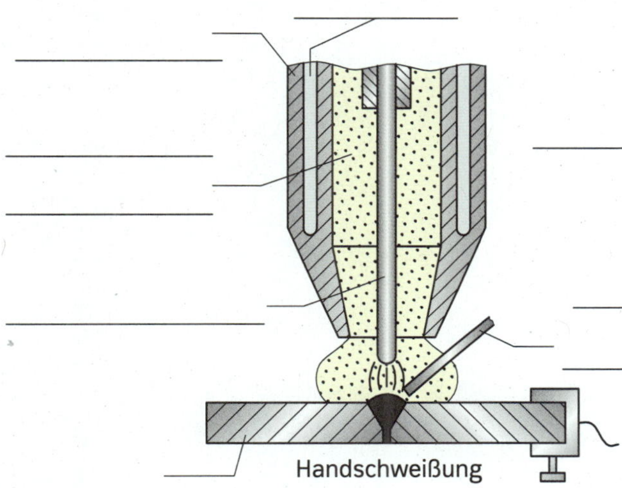

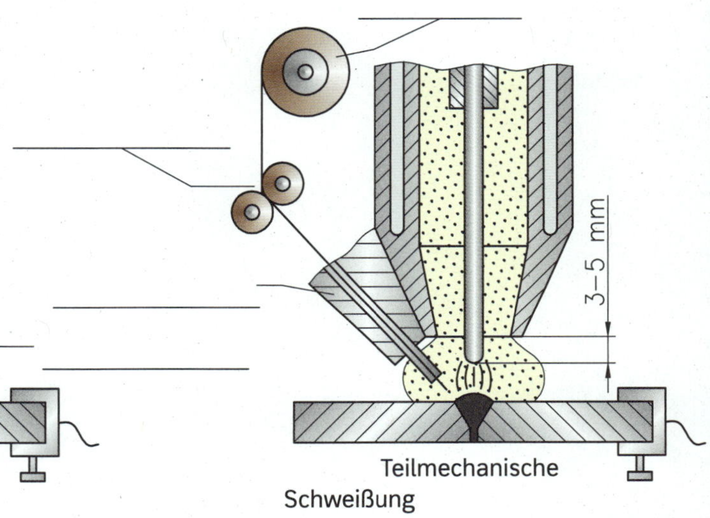

Beim WIG-Schweißen brennt ein elektrischer Lichtbogen zwischen dem Werkstück und einer nicht abschmelzenden Wolframelektrode (d =1 mm bis 4 mm).
Der Zusatzwerkstoff wird von Hand oder maschinell zugeführt. WIG-Schweißungen werden von rechts nach links ausgeführt.

Man unterscheidet:

a) ______________ -Schweißen (⎓) b) ______________ -Schweißen (∿)

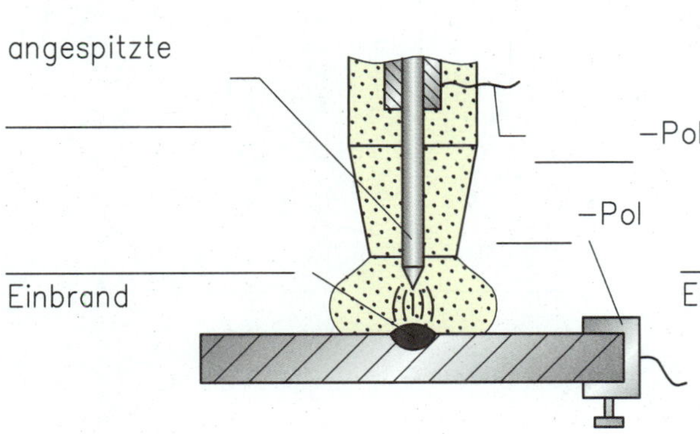

Geeignet für legierte Stähle, rostbeständige Stähle (CrNi-Stähle), NE-Schwermetalle (z. B. Cu, Ni) und NE-Legierungen. Durch die spitze Wolfram-Elektrode brennt der Lichtbogen stabil.

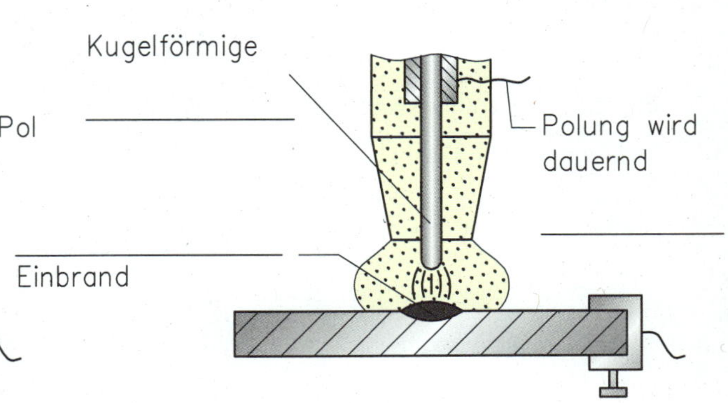

Geeignet für Leichtmetalle

(z. B. ______________).

Durch den Wechselstrom-Lichtbogen entsteht immer ein kugelförmiges Elektrodenende.

WIG-Schweißbrenner

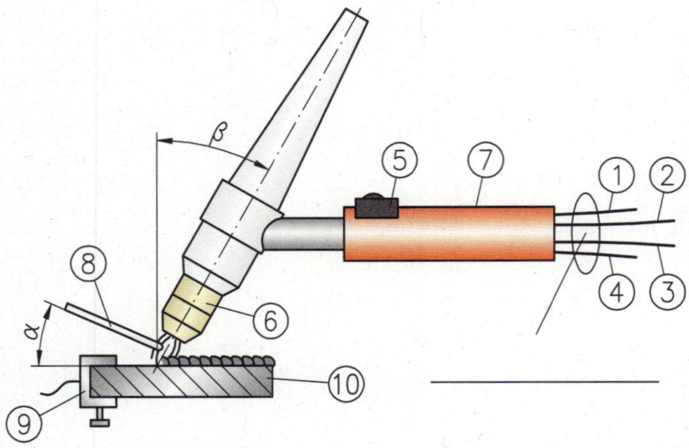

4 = Steuerleitung
◯ = Gasdüse
◯ = Schweißstab (α ca. 20°)
1 = Schutzgas
◯ = Schalter für Gas und Strom
◯ = Massekabel
◯ = Schweißbrenner (β ca. 15°)
2 = Schweißstromkabel (⎓ oder ∼)
3 = Kühlwasser (Zu- und Rücklauf)
10 = Werkstück

Vorteile und Nachteile
Welche Vor- und Nachteile des WIG-Schweißens verbinden Sie mit folgenden Stichwörtern?
Flussmittel, Blechdicke, Argon, Schutzgashülle, Schweißnahtoberfläche, Schrumpfungen und Spannungen, Schweißgeschwindigkeit, Schlacke, Schweißspritzer.

Vorteile:

Nachteile:

2. Wolfram-Plasma-Schweißen (= ____________ -Schweißen)

Bei diesem Verfahren wird ein WIG-Lichtbogen durch eine wassergekühlte Kupferdüse stark eingeschnürt.

Das hoch erhitzte elektrisch leitende Gas (= ____________) wird mit großer Energie der Schweißstelle zugeführt. Ein zusätzlicher Schutzgasmantel umgibt den im Plasmastrahl (20 000 °C) brennenden Lichtbogen und schützt das Schmelzbad vor

____________ .

Die Schweißanlage wird numerisch gesteuert (NC-Maschine).

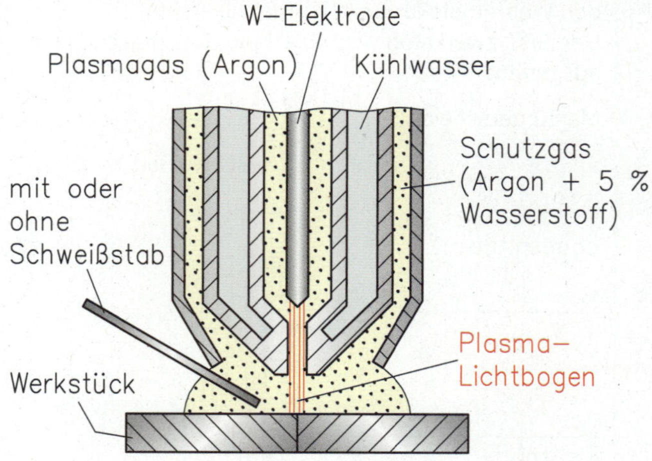

Vorteile:

Es können dicke und sehr dünne Teile (z. B. 0,02 mm) geschweißt werden.

Wichtige schweißbare Werkstoffe sind hoch legierte Stähle, Nickel und Nickellegierungen, Titan, Kupfer und Kupferlegierungen.

3. Schweißgut beim Schutzgasschweißen nach DIN EN ISO 14341

Erklären Sie mithilfe des Tabellenbuchs folgende Normbezeichnung:

Schweißgut DIN EN ISO 14341 – A – G 46 3 M G3 Si1

Beim Schweißen von NE-Metallen ist der Schweißzusatz-Werkstoff vom Material der zu verschweißenden Bauteile abhängig. Genaue Angaben finden Sie im Tabellenbuch.

Benutzen Sie zum Lösen der folgenden Aufgaben Ihr Tabellenbuch.

1. Aufgabe: Ein Winkelstahlrahmen aus S 355 JO wird durch Schutzgasschweißen hergestellt.

a) Welches Schweißverfahren verwenden Sie?

b) Welches Schutzgas muss verwendet werden? Z. B.

2. Aufgabe: Ein Metallbauer verwendet ein Schutzgas mit der Normbezeichnung I 2 Schutzgas DIN EN ISO 14175 – 2.

a) Um welches Schutzgas handelt es sich?

b) Welche Kennfarben hat die Schutzgasdruckflasche?

Kennfarbe des Flaschenkörpers:

Kennfarbe der Flaschenschulter:

3. Aufgabe: Ein Facharbeiter verwendet beim Schutzgasschweißen einen Schweißzusatz nach DIN EN 14532 – 3 – SG – Al Mg 5 – 4 x 600.

a) Welcher Werkstoff wird geschweißt, und wie lautet seine Normbezeichnung?

b) Mit welchem Schweißverfahren arbeitet der Facharbeiter?

c) Welches Schutzgas muss verwendet werden?

d) Was bedeutet beim Schweißzusatz die Angabe 4 x 600?

4:

600:

A. Innere Schweißnahtfehler

Überlegen Sie die Ursachen der folgenden Schweißnahtfehler.

Oxid- und Schlacken-einschlüsse	Bindefehler	Porenbildung	Wolframeinschlüsse
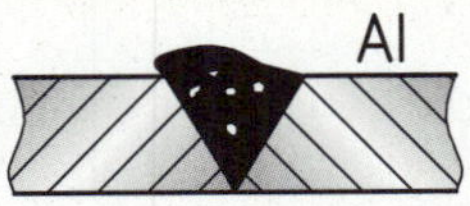			
Ursachen:	Ursachen:	Ursachen:	Ursachen:

B. Äußere Schweißnahtfehler

Schweißspritzer	Nahtvertiefung
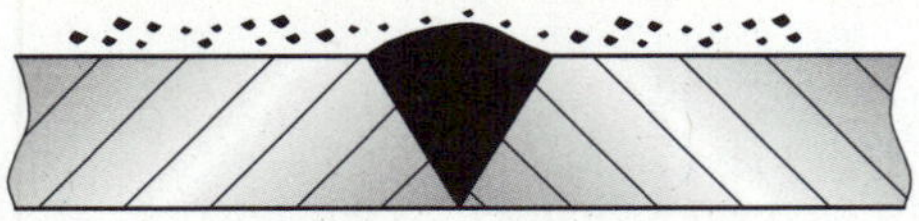	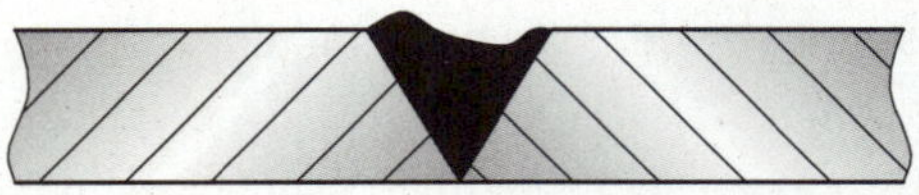
Stromstärke zu ______, Falsche Elektrodenwahl. Zu ______ Lichtbogen, ______ Schweißdüse.	Zu ______ Stromstärke, ______ Schweißgeschwindigkeit.

Einbrandkerben	Mangelhafte Durchschweißung
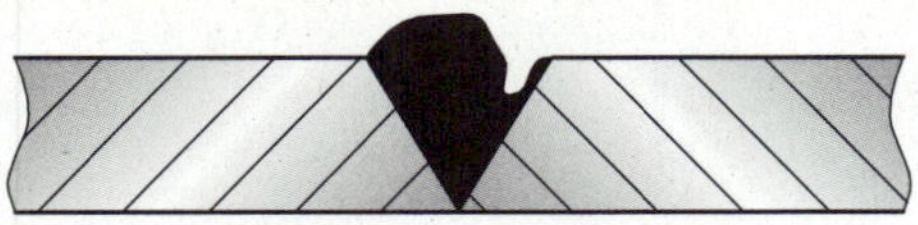	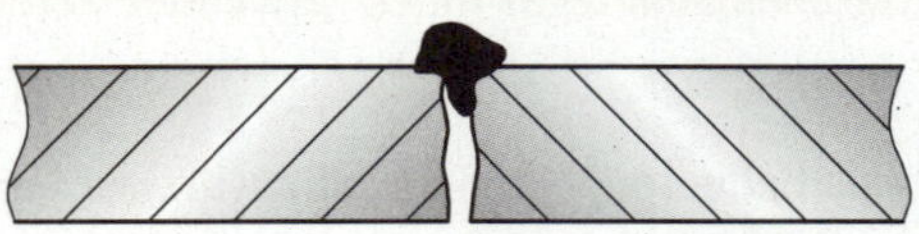
Stromstärke zu ______, falsche Elektrodenführung.	Elektrodendurchmesser zu ______, ______ Fugenvorbereitung, Schweißspalt zu ______, Schweißstrom zu ______.

A. Gasschmelzschweißen

Werden Stahlbaustähle durch Gasschmelzschweißen verbunden, ist eine Nachbehandlung der Schweißnähte nicht notwendig.
Al-Gasschmelzschweißen mit Sauerstoff und Acetylen wird nur noch bei Reparaturarbeiten angewendet. Die Al-Oxidhaut muss durch einen Flussmittelauftrag beseitigt werden.
Säurehaltige Flussmittel greifen Aluminium an und müssen nach dem Schweißen entfernt werden. Dazu verwendet man eine 10 %-ige Salpetersäurelösung. Anschließend wird die Naht mit warmem Wasser abgebürstet.

B. Lichtbogenschweißen mit Elektrode

Für das Schweißen an Al-Werkstoffen werden flussmittelumhüllte Elektroden verwendet. Nach dem Abklopfen der Schlacke muss die Schweißnaht wie beim Gasschmelzschweißen gereinigt werden.

Beschreiben Sie die Nachbehandlung beim Schweißen von Stahlbaustählen.

1. ____________________
2. ____________________
3. ____________________

C. Schutzgasschweißen

1. Aluminium und Stahlbaustahl

Beim MIG-, MAG- und WIG-Schweißen entsteht keine Schlacke.

Nachbehandlung: ____________________

Beim MAG-Schweißen: ____________________

2. Legierte rostfreie Edelstähle

An der Oberfläche von Cr-Ni-Stählen bildet sich durch das Erwärmen eine Oxidschicht. Diese Anlauffarben können Korrosion auslösen.

Entfernen der Anlauffarben durch

Strahlen: ____________________

Bürsten und Schleifen: ____________________

Beizen: ____________________

A. Umgang mit Schutzgasen

1.

2.

3.

4.

5.

6.

B. Arbeitsschutz beim Schutzgasschweißen

Elektrischer Strom

1.
2.
3.
4.
5.
6.

7.

8.

Schweißen von Tanks oder Fässern

Möglichkeiten: Schutzfüllung mit Wasser
Schutzfüllung mit Stickstoff
Schutzfüllung mit Kohlendioxid

Lichtbogenstrahlung

1. MIG- und MAG-Schweißen:

   WIG- und WP-Schweißen:

2. Mitarbeiter müssen abgeschirmt werden.

Rauche und Dämpfe

Die unsichtbare UV-Lichtbogenstrahlung erzeugt aus dem Luftsauerstoff Ozon. Dieses giftige Reizgas schädigt Schleimhaut und Atemwege.
Durch den Lichtbogen entstehen giftige Stickoxide. Dies führt zur Schädigung der Lunge.
Metallreinigungsmittel auf Werkstücken werden durch die UV-Strahlung zerstört und bilden das giftige Phosgen.

Abhilfe:

Beachten Sie, dass die Schutzgasglocke über der Schweißnaht nicht zerstört wird.
Beim Schweißen in Kellerräumen oder Kesseln muss dem Schweißer Frischluft zugeführt werden. Niemals Sauerstoff verwenden!

Mechanische Gefahren

Beim MIG- und MAG-Schweißen können Stichverletzungen durch unbeabsichtigtes Einschalten des Drahtvorschubs entstehen.

Abhilfe: Vorsicht beim Betätigen des Einschalters!

Feuer- und explosionsgefährdete Räume

1. Brennbare Gegenstände aus der Gefahrenzone entfernen.
2. Fest montierte brennbare Gegenstände durch Feuerschutzplanen abdecken.
3. Wand- und Bodenöffnungen (z. B. Rohrdurchführungen) zu anderen Räumen abdichten.
4. Stets Löschmittel (z. B. Feuerlöscher) bereithalten.
5. Feuerwache aufstellen.

Arbeitsauftrag:
Für den Pausenhof der Berufsschule werden Sitzbänke benötigt. Diese sollen von der Metallklasse in Gruppenarbeit hergestellt werden.

1. Grundmaße
   Länge: z. B. 1500 mm
   Breite: 250 mm
   Höhe: 460 mm
   Dicke des Sitzflächenbretts: 25–30 mm
2. Die Füße sollen einklappbar sein.
3. Beim Stapeln der Bänke darf die Sitzfläche nicht beschädigt werden.
4. Die Füße dürfen in weiche Böden nicht einsinken.
5. Das Fußgestell muss im ein- und ausgeklappten Zustand gesichert sein (Unfallgefahr).
6. Alle Metallteile sollen gegen Korrosion geschützt sein.

Skizzieren Sie Ihren Vorschlag für die Sitzbank als Raumbild.

Zeichnen Sie auf den folgenden Blättern Ihren Vorschlag
- als Zusammenbauzeichnung und
- in den Einzelteilen.

Stückliste

1	2	3	4	5	6
Pos.	**Menge**	**Einheit**	**Benennung**	**Sachnummer/Norm-Kurzbezeichnung**	**Bemerkung**

Gesamtzeichnung der Sitzbank

Maßstab		

Bildnachweis: Di Gaspare, Michele (Bild und Technik Agentur für technische Grafik und Visualisierung)

Metallbautechnik	Datum:	Herstellen von Konstruktionen aus Profilen	Lernfeld 6
Name:	Klasse:	*Anfertigen einer Sitzbank*	11

Maßstab		Teil 2

Maßstab		Teil 6

Maßstab		Teil 7

Maßstab		Teil 8/9

Maßstab		Teil 10

Maßstab		Teil 11

Maßstab		Teil 12

Maßstab		Teil 13

Metallbautechnik	Datum:	Herstellen von Konstruktionen aus Profilen	Lernfeld 6
Name:	Klasse:	*Anfertigen einer Sitzbank*	11

Maßstab		Teil 17

Maßstab		Teil 21

Maßstab		Teil 20

Montieren Sie die zusammengebauten Teile 17, 18, 19, 20 und 21 so auf der Unterseite der Sitzfläche (Teil 1), dass das ausgeklappte Fußgestell rechtwinkelig zur Sitzfläche in die Sperrklinke einrastet.

Maßstab		

Bildnachweis: Di Gaspare, Michele (Bild und Technik Agentur für technische Grafik und Visualisierung)

A. Kristallaufbau der Metalle

Die positiv geladenen Atome (Ionen) der festen Metalle sind in Form eines regelmäßigen Kristallgitters angeordnet. Diese Atomanordnung wird als kristalline Struktur bezeichnet.
Nichtmetalle besitzen eine unregelmäßige Anordnung der Ionen. Diese Ionenanordnung wird als amorphe Struktur bezeichnet.

B. Kristallgitterarten der Metalle

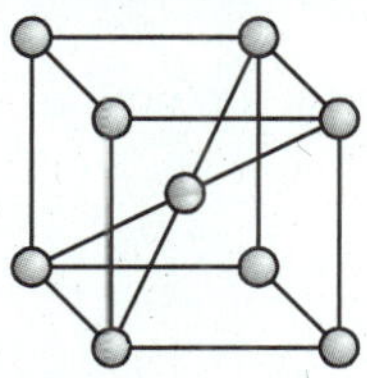

Grundkörper: Kubus oder ____________

Gittertyp: Kubisch raumzentriert (krz)

Ionenanzahl: ______

Werkstoffbeispiele: Cr, Mo, W, Ta, V, Eisen unter 911 °C

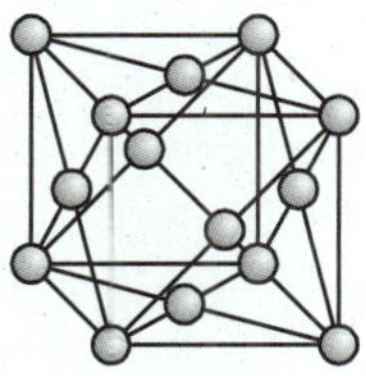

Grundkörper: ____________

Gittertyp: Kubisch flächenzentriert (kfz)

Ionenzahl: ______

Werkstoffbeispiele: Al, Cu, Pb, Ni, Eisen über 911 °C

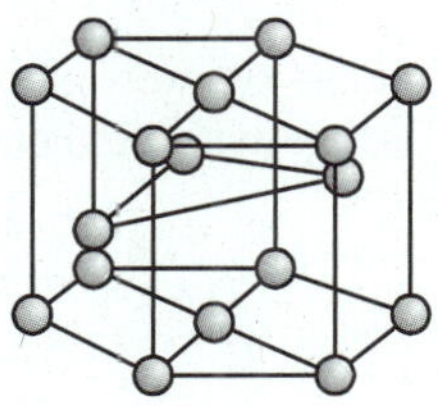

Grundkörper: ____________

Gittertyp: Hexagonal (hex)

Ionenzahl: ______

Werkstoffbeispiele: Mg, Ti, Zn, Cd

C. **Eisen-Kohlenstoff-Diagramm** (begrenzt für unlegierten Stahl)

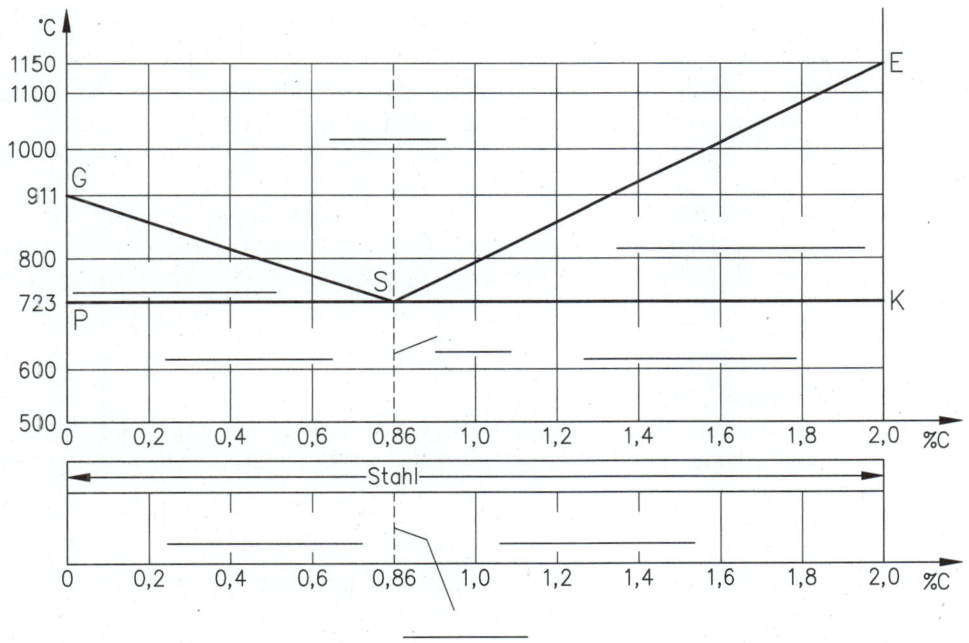

Lösungseinträge in das Diagramm finden Sie unter C.2.

1. Gefügearten

Gefügeart	Gefügeaufbau	Eigenschaften
Ferrit	Eisen ohne Kohlenstoff (reines Fe)	Sehr weich, magnetisch, leicht umformbar
Zementit	Chemische Verbindung von Eisen (Fe) und Kohlenstoff (C), z. B. Fe_3C (Eisenkarbid)	Sehr hart und spröde
Perlit	Ausgeglichenes Ferrit- und Zementitgemenge	Mittelhart
Austenit	Eisen mit gelösten Kohlenstoffatomen (feste Lösung)	Weich, unmagnetisch, leicht umformbar

2. Gefügebetrachtungen

a) Kohlenstoff

Stahl mit 0,86 % C-Gehalt
Dieser Stahl bildet durch sein ausgeglichenes Gemenge von Ferrit und Zementit einheitliche Kristalle (eutektoider Stahl). Wegen seines perlmuttartigen Schliffbilds wird dieses Gefüge als Perlit bezeichnet.
Diagrammeintrag: Perlit, eutektoid.

Stahl mit niedrigem C-Gehalt (unter 0,86 %)
Auch dieser Stahl bildet Perlit-Kristalle. Wegen des geringen C-Gehalts kann er nur einen kleinen Teil in Perlit-Kristalle umbilden (untereutektoider Stahl). Es bleiben Ferrit-Kristalle übrig. Dieses Gefüge wird als Ferrit-Perlit bezeichnet.
Diagrammeintrag: Ferrit-Perlit, untereutektoid.

Stahl mit hohem C-Gehalt (über 0,86 %)
Auch dieser Stahl bildet Perlit-Kristalle. Wegen des hohen C-Gehalts bleiben Zementit-Kristalle übrig (übereutektoider Stahl). Dieses Gefüge wird als Perlit-Zementit bezeichnet.
Diagrammeintrag: Perlit-Zementit, übereutektoid.

b) Temperatur

Stahl mit 0,86 % C-Gehalt
Das Perlitgefüge ist bis 723 °C beständig. Der Zementitanteil im Perlit zerfällt, d. h., der gesamte Kohlenstoff löst sich im festen Eisen auf; es entsteht eine feste Lösung. Dieses Gefüge wird als Austenit bezeichnet.
Diagrammeintrag: Austenit.

Stahl mit kleinem C-Gehalt (unter 0,86 % C)
Beim Erwärmen auf über 723 °C entsteht aus dem gesamten Perlit ein Austenit-Gefüge (Dreieck PSG). Es bleibt Ferrit übrig. Dieses Gefüge wird als Austenit-Ferrit bezeichnet. Der Restferrit wird oberhalb der Linie GS in Austenit umgewandelt.
Diagrammeintrag: Austenit-Ferrit.

Stahl mit großem C-Gehalt (über 0,86 % C)
Beim Erwärmen auf über 723 °C entsteht aus dem gesamten Perlit ein Austenit-Gefüge (Dreieck SKE). Es bleibt Zementit übrig. Dieses Gefüge wird als Austenit-Zementit bezeichnet. Der Restzementit wird oberhalb der Linie SE in Austenit umgewandelt.
Diagrammeintrag: Austenit-Zementit.

Merke: a) Durch langsames Abkühlen entsteht wieder das Ausgangsgefüge.
b) Eisen mit mehr als 2 % C-Gehalt wird als Gusseisen bezeichnet.

Metallbautechnik	Datum:	Herstellen von Konstruktionen aus Profilen	Lernfeld 6
Name:	Klasse:	*Gefügeveränderungen*	13

Durch Wärmeeinwirkung verändern sich die Eigenschaften der Metalle.

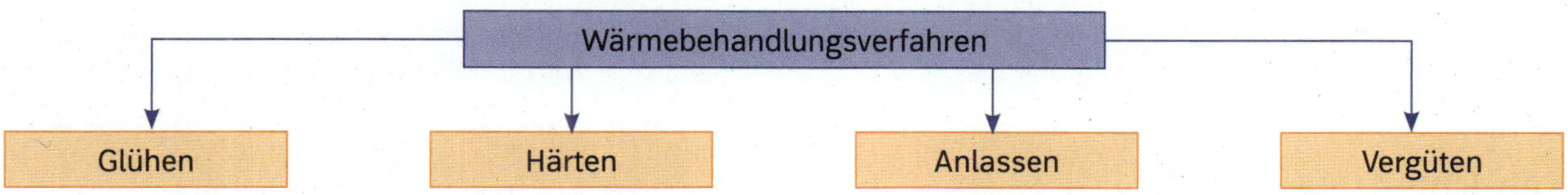

Glühen

Durch Schweißen, Schmieden, Walzen und Gießen entstehen im Werkstück Wärmespannungen. Um diese Spannungen zum Teil wieder zu beseitigen, werden die Werkstücke geglüht.

Dieser Vorgang heißt ______________________________.

Dabei wird das Werkstück bis zu zwei Stunden auf 550 bis 650 °C erwärmt.

1. Vorgang

a) Langsames Erwärmen bis zum Kern.
b) Halten der Temperatur, bis das Gefüge von Spannungen fast völlig befreit ist.
c) Langsames Erkalten, um das spannungsarme Gefüge zu erhalten.

2. Glühtemperatur

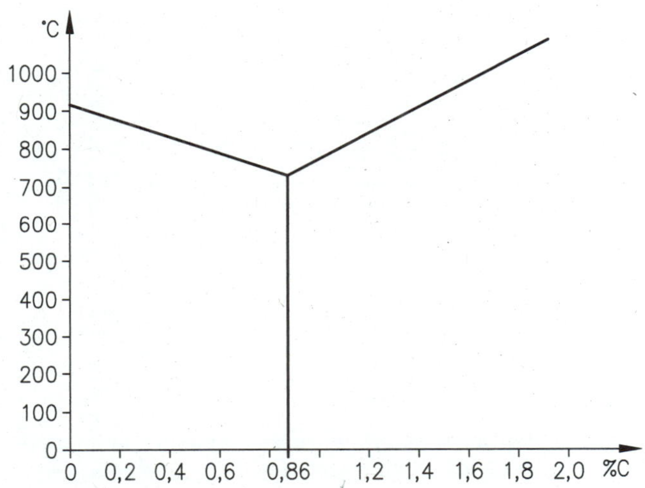

Aufgabe:
Zeichnen Sie das Temperaturfeld in das Diagramm ein.

3. Glühfehler

Bei einem Glühvorgang bleiben die Spannungen in einem Bauteil restlos erhalten.
Nennen Sie Gründe hierfür.

____

____

____

Bildnachweis: Di Gaspare, Michele (Bild und Technik Agentur für technische Grafik und Visualisierung)

Halbzeuge (z. B. Profile, Rohre, Stäbe, Bleche) können sich auf dem Transport oder durch unsachgemäße Lagerung verbiegen, beim Bearbeiten und Einspannen verziehen oder durch Umformen oder Schweißen Spannungen bekommen. Diese Fehler können durch Kalt- oder Warmrichten behoben werden. Der umformbare Werkstoff wird dabei gestreckt oder gestaucht. Gusseisen mit Lamellengrafit oder gehärtete Werkstücke sind spröde und brechen beim Richten.

A. Kaltrichten (Auswahl)

Ordnen Sie die folgenden Tätigkeiten den Skizzen zu:
Strecken mit der Hammerfinne auf der Richtplatte, Richten mit dem Dreheisen, Richten mit der Presse oder im Schraubstock, Richten mit dem Hammer auf dem Amboss

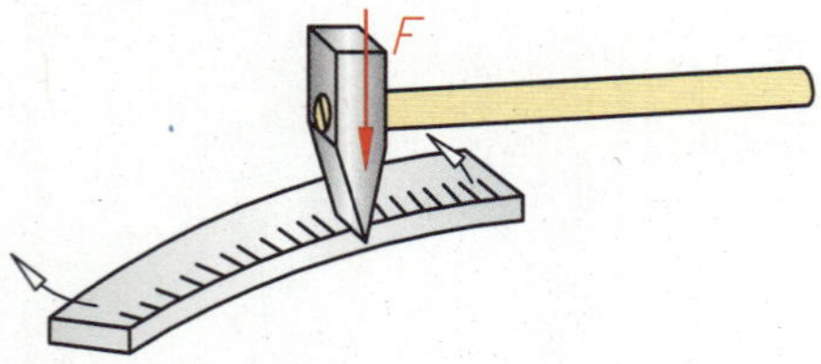

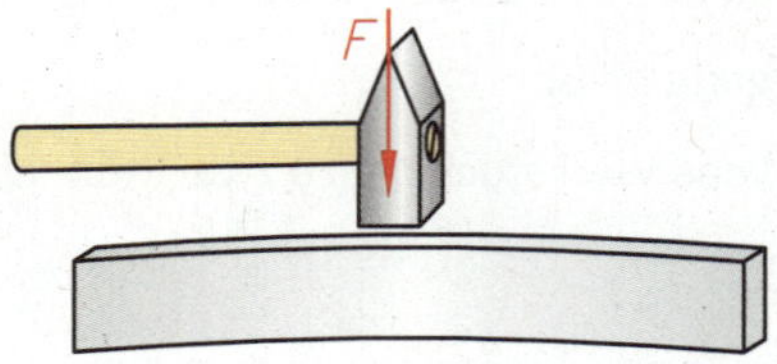

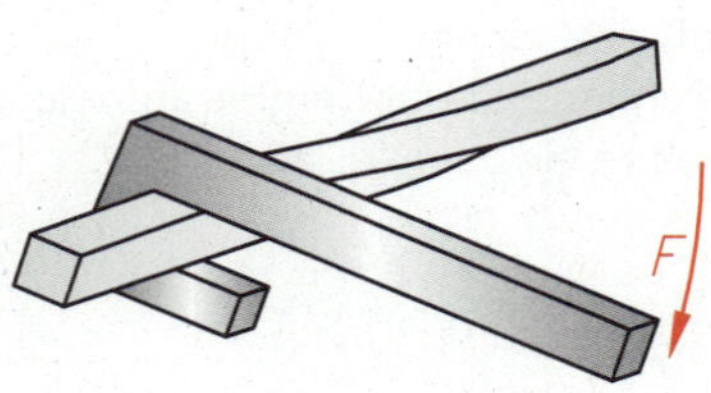

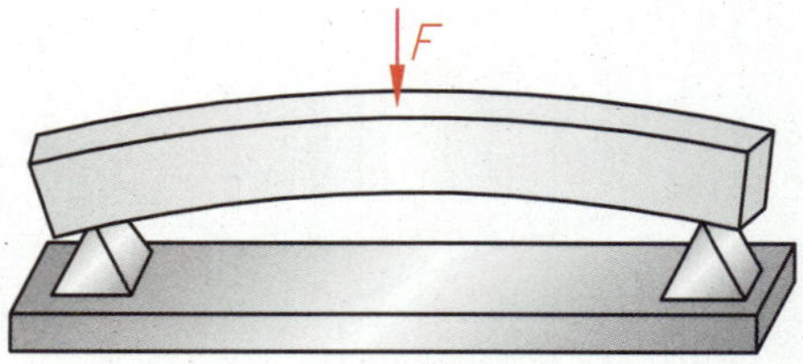

Spannen von Blechen (Streckrichten)

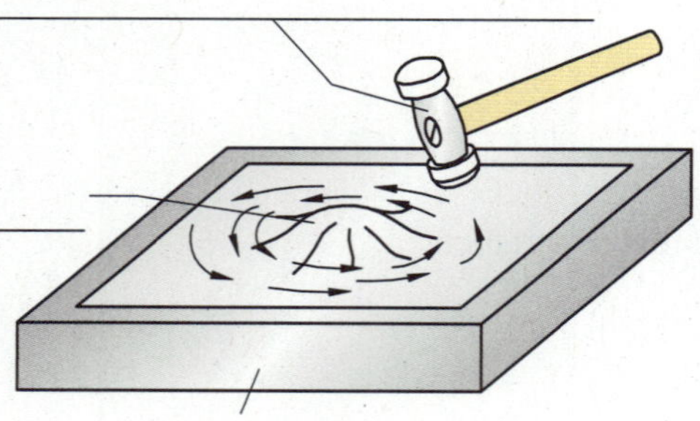

Das Richten verbeulter oder verdellter Bleche nennt man Spannen. Da der Werkstoff in der Beule übermäßig gestreckt ist, darf diese auf keinen Fall mit dem Hammer bearbeitet werden. Eine noch größere Materialstreckung wäre die Folge.
Das Blech muss also vom Beulenrand weg spiralförmig nach außen durch leichte Hammerschläge gestreckt werden. Für kleinere Blechteile dient der Polierstock als Unterlage.

B. Warmrichten (Flammrichten)

Zum Erwärmen der Werkstücke wird die neutrale Acetylen-Sauerstoff-Flamme verwendet. Die Wärme soll schnell und örtlich begrenzt dem Werkstück zugeführt werden. Deshalb stets einen großen Brennereinsatz auswählen.

Werkstücke aus Stahl: Glühfarbe dunkelrot bis hellrot

Flammrichttemperatur: ____________________

Werkstücke aus Aluminium: Beim Aluminium ist keine Glühfarbe zu erkennen. Dadurch kann eine Überhitzung, d. h. ein Abschmelzen des Werkstoffs eintreten.

Temperaturbestimmung: ____________________

Flammrichttemperatur: ____________________

Metallbautechnik	Datum:	**Herstellen von Konstruktionen aus Profilen**	Lernfeld 6
Name:	Klasse:	*Kalt- und Warmrichten*	**14**

Arbeitsfolgen

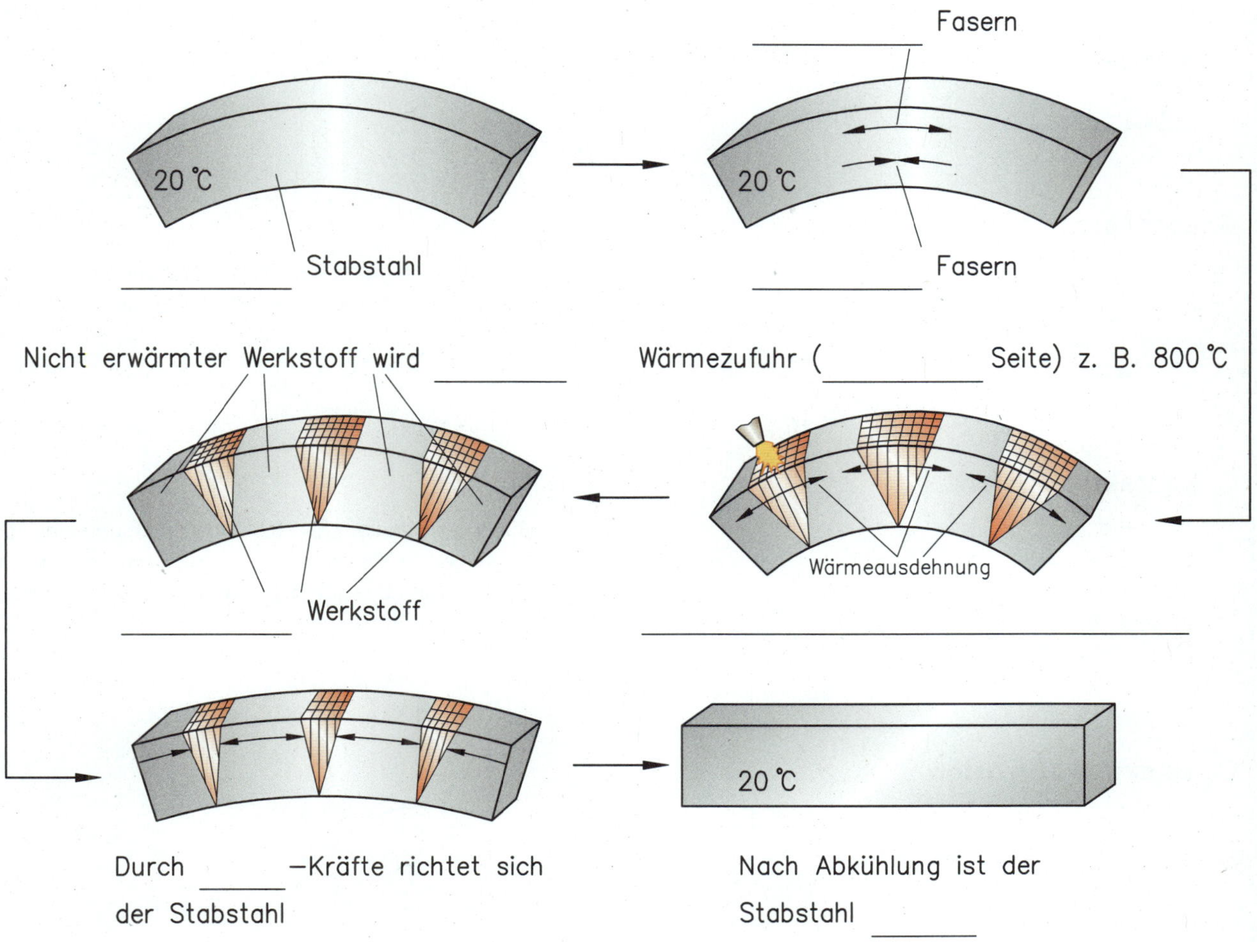

Man unterscheidet:

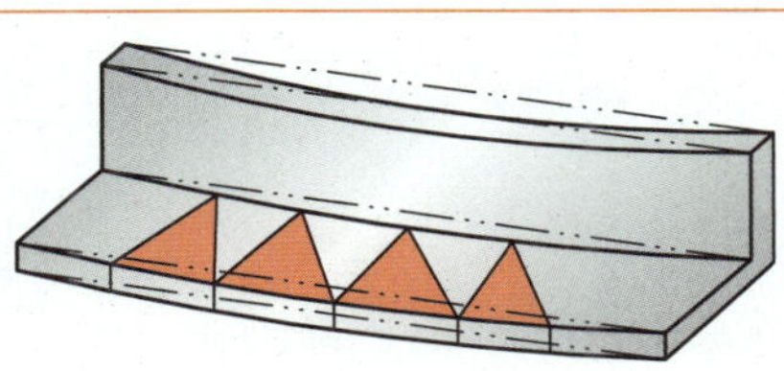	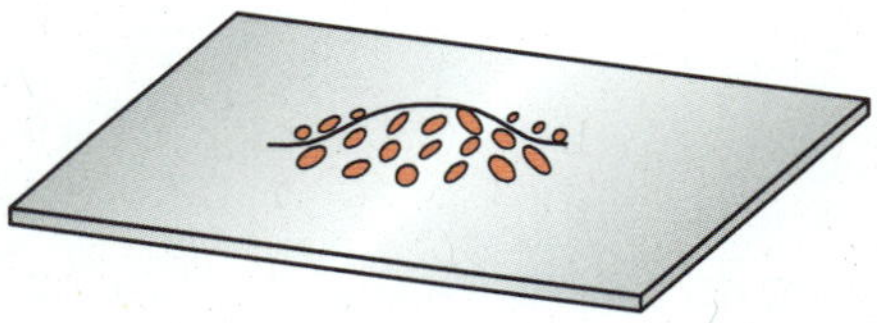
Wärme-____________________.	Wärme-____________________.
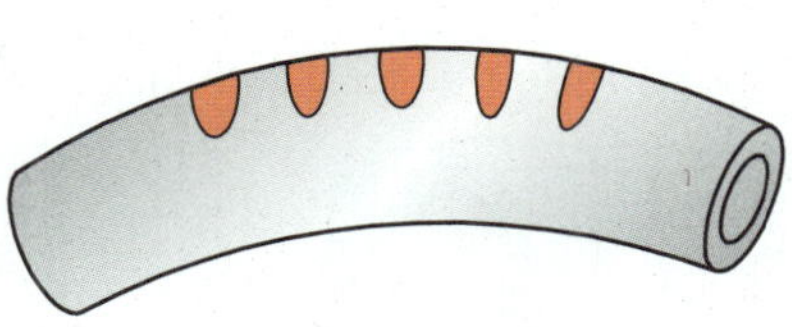	
Wärme-____________________.	Wärme-____________________.

Merke:
1. Immer die längere (gestreckte) Seite erwärmen.
2. Durch wiederholtes Flammrichten steigert sich die Ausrichtwirkung.
3. Die Erwärmung soll schnell und kurz erfolgen.
4. Vergütete Stähle dürfen nicht warmgerichtet werden (Verlust von Festigkeit und Zähigkeit).

Unfallverhütung
1. Während des Flammrichtens die Schutzbrille tragen!
2. Heiße Teile nicht mit der ungeschützten Hand berühren!
3. Die Unfallverhütungsvorschriften für das Gasschmelzschweißen befolgen!

Bildnachweis: Di Gaspare, Michele (Bild und Technik Agentur für technische Grafik und Visualisierung)

A. Gleichmäßige Flächenkorrosion

Die Luft bewirkt eine langsame und gleichmäßige Korrosion auf der Stahloberfläche.

B. Lochkorrosion

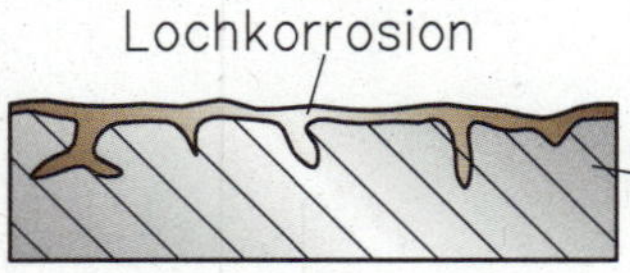

Spritzer von Säuren, schadhafte Farbbeschichtungen oder Stahlspäne auf legierten rostfreien Stählen führen zur Lochkorrosion (= Lochfraß).

C. Kontaktkorrosion

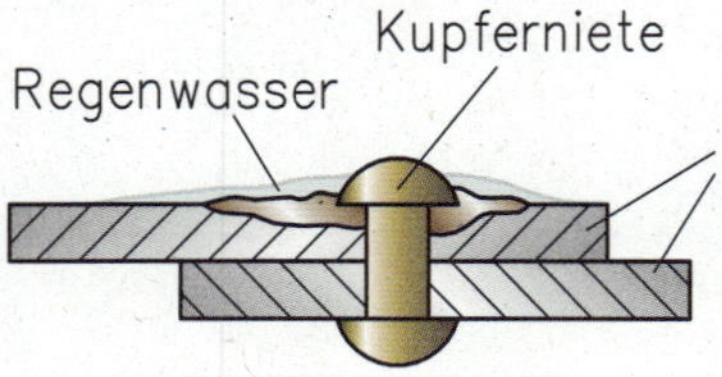

Zwei verschiedene Metalle, z. B. Zink und Kupfer, und eine stromleitende Flüssigkeit (= Elektrolyt), z. B. Regenwasser, bilden ein galvanisches Element. Das unedlere Metall (Zn) wird zerstört.

D. Selektive Korrosion

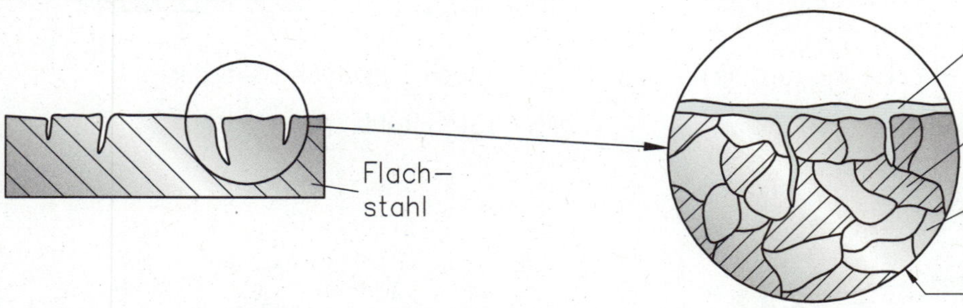

Interkristalline Korrosion

Verläuft die Korrosion bevorzugt (= selektiv) entlang der unterschiedlichen Kristalle innerhalb (= intern) des Gefüges, so spricht man von einer interkristallinen Korrosion.

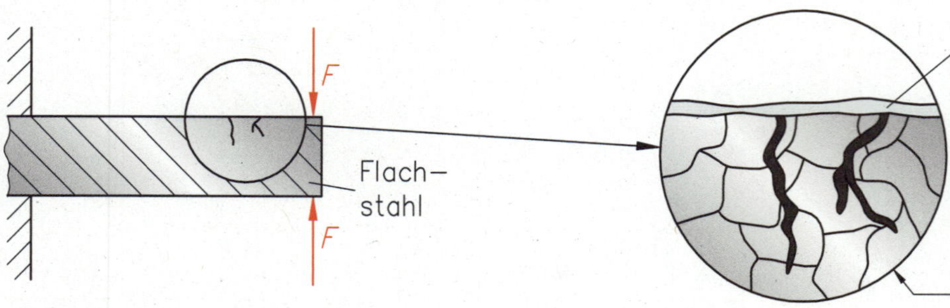

Transkristalline Korrosion

Werkstücke können durch wechselnde Beanspruchungen belastet sein. Dadurch können kleine Risse im Material entstehen, die beliebig im Kristallgefüge verlaufen (= trans). Durch eindringende Feuchtigkeit entsteht in den Haarrissen Korrosion.

Bildnachweis: Di Gaspare, Michele (Bild und Technik Agentur für technische Grafik und Visualisierung)